内容创意与写作
Creative Writing

流量变现

短视频这样做就对了！

胡作政　刘仕杰 ———— 著

U0305513

华中科技大学出版社
http://www.hustp.com
中国·武汉

图书在版编目（CIP）数据

流量变现：短视频这样做就对了！/ 胡作政，刘仕杰著. —— 武汉：华中科技大学出版社，2021.3

（内容创意与写作）

ISBN 978-7-5680-6849-9

Ⅰ.①流… Ⅱ.①胡… ②刘… Ⅲ.①视频制作②网络营销 Ⅳ.① TN948.4 ② F713.365.2

中国版本图书馆 CIP 数据核字 (2021) 第 006487 号

流量变现：短视频这样做就对了！ 胡作政　刘仕杰 著

Liuliang Bianxian： Duanshiping Zheyang Zuo Jiu Dui le !

策划编辑：刘晚成
责任编辑：章　红
责任校对：曾　婷
责任监印：朱　玢
装帧设计：璞茜设计

出版发行：华中科技大学出版社（中国·武汉）　　　电话：（027）81321913
　　　　　武汉市东湖新技术开发区华工科技园　　　邮编：430223

印　　刷：武汉科源印刷设计有限公司
开　　本：710mm × 1000mm　1/16
印　　张：12.25
字　　数：193 千字
版　　次：2021 年 3 月第 1 版第 1 次印刷
定　　价：38.00 元

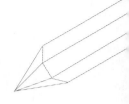

前　言

　　人生最宝贵的是时间，最需要消磨的也是时间。美国加州大学洛杉矶分校霍尔姆斯教授曾展开过一项自由支配时间与生活满意度之间关系的调查研究，其报告中指出：空闲时间太少，人们会感到压力；空闲时间太多，人就会觉得无所事事。这份既浅显易懂又让人深有感触的报告，揭示了人类生存的基本悖论，也提出了一个基本问题：人们该如何消磨时间？

　　短视频作为"优秀的时间杀手"，满足了现在的人们碎片化的娱乐需求，也为商业变现提供了契机。2020 年 10 月中国网络视听节目服务协会《2020中国网络视听发展研究报告》显示，从市场规模来看，2019 年网络视听产业的市场规模为 4541.3 亿，其中短视频占 1302.4 亿，同比增长 178.8%，增速最快；综合视频占 1023.4 亿，同比增长 15.2%，势头良好；从用户规模上来看，截至 2020 年 6 月，短视频用户规模达 8.18 亿，有近九成用户使用短视频，短视频成了仅次于即时通讯的第二大网络应用，逐渐成为互联网的底层应用，综合视频用户规模也已达 7.24 亿，网络视频业发展喜人。短视频平台以抖音短视频和快手组成的第一梯队，两强格局持续强化，以西瓜视频、抖音火山版、好看视频、微视组成的第二梯队和爱奇艺随刻、波波视频、快手极速版、刷宝、土豆视频、全民小视频、抖音极速版组成的第三梯队竞争激烈。综合视频平台的竞争局面则从以爱奇艺、腾讯视频、优酷组成的第一梯队三足鼎立变为由芒果 TV、哔哩哔哩组成的第二梯队和由风行视频、ＰＰ视频、咪咕视频、搜狐视频组成的第三梯队与第一梯队一道多雄并进。从短视频的功用角度来看，短视频自身的价值也不止于娱乐，短视频还深入生活，承担多元角色，不同用户群体喜欢收看的短视频节目类型包括但不限于新闻、美食、影视、音乐、生活技巧、游戏、教育学习、旅游风景、运动健身、科技，都在短视频中有大量呈现。而伴随着"网红"经济的飞速发展，"网红"模式已经从线上的社交平台、直播、游戏、电商发展到线下的实体产业，渗透到了各个领域之中。但是，随着短视频博主数量越来越多，内容同质化、形式大于内容的现象越来越普遍，原创内容成本的增高又使得流量变现越来越困难，最终导致许多想入行的新人望而却步，许多刚入行的创作者大失所望，许多入行已久的创作者迟滞不前，大家不禁要问：究竟该如何做短视频？怎样实现流量变现？

正是基于这样的原因，我们开始了《流量变现：短视频这样做就对了！》的撰写，依靠自身多年的从业经验，从用户体验、创作实践及流量变现的角度，讲述短视频的定位、拍摄、制作、运营及变现的方式方法，以期为众多短视频创作者解答从业疑惑，帮助他们走上一条平坦的短视频成长之路。

对于短视频内容创业者而言，首先要了解的是人们为什么会迷恋短视频，它究竟有何魔力让人心甘情愿地付出时间和金钱，它究竟是怎样让人从"无聊至死"走向"娱乐至死"。其次，要了解短视频的成本与收益，这关系到短视频创作者能否持之以恒地做下去，也是绝大多数人的动力。再次，要对自己的短视频有一个清晰准确的定位。许多人之所以一开始就失败，或者付出比他人多几倍的努力却只收获他人成果的几分之一，甚至几十分之一、几百分之一，是由于一开始就选错了方向，好比拳击运动员做了体操运动员。然后，要熟练掌握短视频拍摄、制作等技术。短视频虽然门槛低，但并不意味着随随便便就能做出好视频，它依然需要我们在拍摄器材、拍摄技巧、后期剪辑方面下功夫，这样才能制作出高质量的短视频。最后，要成为一名优秀的短视频运营人。短视频运营是什么？简单来说就是培养网红和赚钱。在竞争激烈的短视频行业，没有优秀的运营能力是很难存活下去的。选择平台、数据管理、开拓渠道、打造IP、流量变现等等，每一步都是一次严峻的考验，活到最后才能笑到最后。

　　以上所讲，并不是什么高深的理论，许多人或许听过，但未必全懂。对于一个短视频创业者来说，既不能盲目地拍摄制作，也不能一味地观望不前，选对道路，在实战中不断地学习进步才是王道。鉴于此，《流量变现：短视频这样做就对了！》将理论与实践充分结合，用一个个生动鲜活的案例为读者梳理短视频创作、运营及变现的种种环节。我们相信，时间是最好的见证者，属于短视频的时代还将继续，而心怀梦想者终会成功！

目 录

07

第 七 章

短视频创作之
视频发布

08

第 八 章

争占短视频
“新风口”，
争者必“营”

09

第九章

争占短视频
"新风口"，
争者必"赢"

01

第一章

内容创业的新风口

短视频不仅是个人对美好生活的记录，也是内容创作者对个人观点、问题的表达。其短小精悍的内容形式、想看就看的碎片化时间利用、较低的内容创意制作门槛、受用户欢迎的社交和吸金新模式，让短视频成为内容创业的新风口。

　　2018 年年底新浪召开"V 影响力峰会"，"Vlogger"(Vlog 博主，视频博客博主) 们风头十足，商业品牌青睐 Vlog 的视觉效果，粉丝观众好奇 Vlog 博主们在世界各地的"诗和远方"，各大平台也纷纷伸出橄榄枝，微博给 Vlog 开辟了专门的频道，微信也加盟了，开发了"票圈视频"的小程序。Vlog 不过只是短视频的一种形式而已。由此可窥见短视频的风行契合了当今大众时间碎片化的娱乐需求，智能设备和全网覆盖提供了技术保证，商业平台和品牌都迫切地需要新鲜感，资本也大量注入，为其保驾护航。内容创业者们无须再有生不逢时的慨叹，短视频创作别有洞天。

　　短视频和社交网络结合给用户带来更高效、更有趣的社交体验，短视频在综合资讯平台上也崭露头角，明显增强了用户黏性和活跃程度，电商平台也不甘其后，打造了"新零售"的消费场景。快手迅速占领下沉市场，小镇青年、务农妇女意外大火，直接产生了商业效益。抖音吸引了大量网红进驻，坚持跨界营销，甚至带火了一批"网红"城市。梨视频、二更视频、一条、美拍、腾讯微视、秒拍等头部平台以鲜明的内容特色也稳定地占据了一定量的市场份额。

　　短视频核心功能之一是娱乐和传播，用户能娱人娱己，并以更低成本快速高效地实现内容传播，收获粉丝。但是短视频行业也受到了越来越细致的监管，未来内容创作者和短视频平台都需要更加注重对政策的理解和对内容的把控。2018 年的关键词之一是"凛冬将至"，资本降温、用户流失、网页打开率降低，但是这并没有影响到短视频领域。入局内容创作，短视频无疑是一个好的选择。

　　短视频不仅是个人对美好生活的记录，也不仅是观点、问题的表达，它早已遍布整个社交网络：用户在自己的微博发布短视频，朋友们点赞转发；在微信朋友圈里互相"安利"自己喜欢的抖音小姐姐，跟朋友推荐自己在 VUE（一款视图软件）看到的 Vlog 博主，相似的喜好和品位会让不那么熟悉的朋友开始熟络。今日头条专门推出了多闪，致力于用短视频实现 5G 时代的新型社交形式。短视频的商业变现也逐渐走上正轨，想要创立自有品牌的创业者可以利用短视频做全方位宣传，积累优质粉丝，并将其转化为潜在购买力。而垂直细分领域的短视频内容生产者则可以寻求与自身调性相符的商业品牌合作，在追求精准营销的背景下，短视频博主注定会受到应有的关注。

内容为王，创意为王，格调为王，知识为王。短视频给了每个人平等的机会来加入这场狂欢，高颜值的小哥哥小姐姐可以做唱跳综艺，凭借帅气眼神和甜美笑容一夜之间收获百万关注者，这在图文时代是无法想象的事情。在某一领域进行过专业学习的人士可以利用信息差形成自己的形象品牌。本来是婚礼摄影师的"你好竹子"及时抓住了国内 Vlog 发展的机会，利用自己在伦敦、北京的两地生活，将自己读过的书和成长感悟及时输出，其商业价值受到瞩目，商业广告也纷至沓来，这样的例子并非个案。

众多内容从业者通过制作短视频走上创业道路，与他们的兴趣爱好、人生经历有关，也与短视频的受欢迎程度和自身形式、价值、应用场景及变现特点有关。具体说来短视频具有如下特点。

1.1 时间短，想看就看

短视频一般最长不会超过 15 分钟，最短只有 15 秒，大多数时长在 5 分钟左右。短视频可以通过手机拍摄制作，上传观看，分享互动。也就是说从制作到分享，整个过程都可以在移动手机端实现，真正实现了随时随地记录分享美好生活和优质创意。移动化、视频化、社交化是当今内容产业的三大趋势，移动短视频的技术门槛降低势必使其与社交媒体交融，网络红人和明星及时抓住了这一机会，为粉丝呈现了更立体真实的自己，而这种真实生活的"表演"只需要几分钟甚至几秒就可以完成。

根据《2020 中国网络视听发展研究报告》对网络视听用户行为特征与喜好

的分析发现，网络视频节目成为用户"杀"时间的利器，六成以上用户每天看综合视频的时间在一小时以上，近两成的用户每天观看短视频时长达到两小时以上，60.4% 的用户每天看短视频，35.5% 的用户每天看综合视频，短视频人均单日使用时长从 2017 年的 76 分钟，发展到 2020 年 6 月的 110 分钟，单日使用时长超过即时通讯，其中重要原因在于短视频体量小，想看就看。观众和用户不必像看电影、网剧等长视频那样特意寻找整块时间，在通勤路上、下班后、休息间隙等任何时间点都可以无负担地浏览观看。

1.1.1　短至几秒，满足碎片化需求

微信于 2018 年 12 月 21 日更新 7.0 版本，上线时刻视频，15 秒时长的视频是最常见的 UGC（user generated content）内容形式。视频上传成功后好友即可看见，通过对话框头像、朋友圈头像都可以直达视频页面，多个视频切换也很便捷。依托"10 亿＋"的庞大用户体量，时刻视频真正将短视频社交渗透到每一个微信用户的日常生活中。通信巨头爱立信针对移动端流量的报道显示，到 2023 年在线视频在移动端流量占比将达到 75%，如此巨大的使用量是图文内容无法想象的，长视频、直播、网剧等其他视频形式也无法真正达到。短视频体量小、内容精，因而能够切实满足碎片时间的娱乐、学习需求，巨大人群的碎片时间的大量累积更是无法估量的大数字。

生活节奏的加快，工作压力逐渐加大，信息获取更倾向于碎片化。短视频短小精悍，不受时间和空间的限制，有效地满足了用户利用碎片时间的需求。但是碎片化不代表肤浅和无聊，在内容为王的时代，即使是碎片化内容也要做到有趣、有料。以搞笑类博主为例，在微博平台上发布视频通常会有故事情节，甚至会出现多个角色，因此一则视频超过 5 分钟很正常。papi 酱在微博上传的 2018 年最后一条视频，分享"不再年轻"的感受和时刻，虽然只是个人独白，但有 6 分 39 秒的时长，在用户刷微博的快速浏览过程中，有很大一部分用户可能会放弃观看这条视频或者点开再关掉。而 papi 酱在抖音的视频大部分都短于 1 分钟，甚至几秒钟就可以制造一个笑点，用户在 6 分钟内可以看十几条视频，因此她在抖音

的粉丝数量丝毫不输于微博。"碎片化"是一个复杂的多维度的名词，碎片化娱乐、碎片化阅读是移动流量时代的大趋势。

1.1.2 内容浓缩，观看完成度高

短视频和长视频相比，一个重要的优势在于高度浓缩的内容可以帮助用户在尽可能短的时间内获取全部信息，这对于教育、技能、科普类的短视频来说尤为重要。我们可以比较一下电影和电视剧的差别。国内电视剧通常会有 50 集到 70 集的体量，一集大约 45 分钟，观众就需要将近 38 个小时到 53 个小时才能追完整部电视剧，而且这几十个小时还分布在 20 天到 30 天里，因此弃剧自然成为一部分观众的选择；而电影将故事浓缩在几个小时以内讲完，除非电影故事完全不吸引人，否则绝大部分观众会坚持把电影看完。而如今正在风口的短视频将内容浓缩至新高度。"你好竹子"是一位摄影师，同时也是 Vlog 博主，她每周更新自己的博客"weekly vlog"，将一周内发生的有看点的事情压缩在 10 分钟以内展现给粉丝，这就意味着她选择的素材都很精彩，能够吸引观众，也要求这则视频有精彩的剪辑和合理的逻辑，独白和画面的配合也要平衡点睛，通常粉丝花 10 分钟的时间看完"竹子一周"的生活都会大呼过瘾。

在短视频领域，10 分钟的视频对制作内容的趣味、调性、技术都提出了较高的要求，而且短视频的时长、质量在一定程度上和更新频率是相悖的。即使是专职的创作者也难以保证在频繁更新的情况下持续创作出较长时间的高质量视频。微博知名美食视频博主李子柒拥有 2670 多万粉丝，她的小话题短视频时长通常为 5 到 6 分钟，从原料采集、处理到做饭过程一气呵成，唯美又真实。没有人会拒绝如此世外桃源的纯真生活，李子柒微博视频的完整观看度相对是比较高的，而她的更新频率势必会受到制作周期的限制。快手和抖音等平台则不存在这种情况。快手平台有很多做饭类视频，使用动作加速、旁白字幕解说，在 1 分钟内就可完成整个过程，轻松有趣。用户在不知不觉中看完视频，逐渐"刷到停不下来"，说明用户黏性已经培养起来。

1.1.3 手法奇妙，轻松 get 无压力

短视频必须在有限的时长里讲好故事、讲清观点，如果用户在手指快速滑动的几秒钟内不能被吸引，那就很难让用户停留在博主的主页上。3 分钟可以讲好故事吗？当然。陈可辛在 2018 年春节用 iPhoneX 拍摄的《三分钟》讲述了一位列车员母亲过年期间在列车上值班，无法与孩子团聚，仅凭列车靠站的 3 分钟与儿子见面的故事。令人没想到的是，儿子见到妈妈时竟背起了乘法口诀，究其原因，是小姨之前对孩子说，如果不会背诵乘法口诀表，就无法上镇子里的小学，也就见不到妈妈。该片将短暂团圆和列车员的职业特性浓缩在这短短的 3 分钟里，用屏幕上方的 3 分钟倒计时和孩子背诵的乘法口诀碰撞出一种紧凑感，激发了观众对故事主人公职业和亲情之间矛盾冲突的认知和理解。出发与抵达，离别与流连，都浓缩在这短短的 3 分钟里。每逢佳节回家的热望与渴盼，春运服务者的坚守与奉献，在火车与站台的连接中，映照出流动中国的别样图景。

1 分钟可以制造笑点吗？可以塑造出反转的喜剧效果吗？可以。对抖音用户 30 天留存率的数据调查显示，很多用户是在高超的剪辑中看到反转的情节觉得有意思，遂决定留在 App 内的。洋葱集团前内容副总裁鲍泰良在 36 氪"开氪"课程"抖音大 V 教你如何打造超级 IP"中详细介绍过心电图理论和高潮前置法。心电图理论是说在 15 秒的短视频中，可能每 3 秒就得有反转和反差，让用户产生期待感，让他不知道你下一秒会做什么。高潮前置是说在一则视频开始的前 3 秒就要吸引用户，可以设置矛盾冲突，也可以展现逼真的特效，也可以讲述事件结果。以抖音博主"野食小哥"为例，他的视频封面和开头一定都是美食成品的展示，接下来是准备食材、做菜的过程，最后是吃掉做好的美食。点开野食小哥的账号，首页整屏的美食会吸引人继续看下去。

1.2 门槛低，想拍就拍

短视频之所以能火速风行，一个很重要的原因在于它是视频领域更彻底的 UGC 形式。相较于长视频和直播来说，短视频的拍摄形式更灵活，制作成本更低，甚至对视频内容的价值要求也更低，而重视其娱乐性、"开脑洞"、大反转等等。快手上很多视频都是在农村拍的，创作者最开始只是使用相机拍摄再进行简单的剪辑就上传。室内拍摄就更灵活方便，papi 酱最开始的视频是采用手机或者一台小相机拍摄而成，不要布景也不需要角色装扮。微博很火的开箱视频只需要一人即可完成，手持相机或固定好相机后，用剪刀把箱子拆开再介绍产品即可。就是这么简单，所以才会有大量用户模仿复制。

生活化、接地气、真实自然……是当今娱乐行业新的风向标。黄子韬在腾讯微视发布了几则"小精灵"形象的小视频，用青岛话发飙，佯装生气，吐槽自己丑等。几则十几秒的小视频就收获了 800 多万、500 多万、1000 多万次播放量，转而有粉丝将这几则短视频整理成一段合集发在微博上，也实现了不俗的转发量。黄子韬作为顶级流量明星，他参加的娱乐综艺节目、制作的音乐专辑都是动辄千万元的大制作，而几则在闲暇之余用手机随手拍摄的小视频在网络的传播营销效果却不亚于专业大制作，这就是短视频带来的传播福利。

对于普通的短视频创作者来说同样如此，有好的创意不用非得万事俱备，很多开箱视频的录制不过是简单布置了一个房间角落，只要光线适宜就可以拍摄。在抖音上有很多日落、日出的壮美视频，都是用户们即目所见的记录。在厨房做饭，有一个好点子可以立刻用快手拍下来，再搭配简单的字幕就可以上传。灵感稍纵即逝，短视频平台便捷的视频拍摄入口为我们最大限度地提供了辅助。

1.2.1 题材不限，内容接地气

做美食，可以在野外，自然粗糙回归淳朴；可以在自己家的厨房里，真实亲切；可以在乡下用自己种植的蔬菜、养的牲畜，天然健康；可以在办公室"大开脑洞"，展现各种奇思妙想。做美妆视频，可以靠颜值取胜，可以靠测评"吸粉"，可以靠教程引流。做搞笑视频，好的创意当然是取胜法宝；有趣的模仿秀也是吸睛大法；讲故事建场景也是不错的构思；大反差大逆转，农村维密秀、老奶奶开豪车是城市年轻人从未见过的新奇事情。papi酱最早的视频，比如用台湾腔说东北话，闺蜜小聚互相八卦吐槽，"双11血拼"搞笑再现等都正好戳中当代年轻人的"梗"，因此迅速火爆。Lori阿姨一人分饰几角搞笑呈现儿时课堂争抢回答问题，期末考试偷偷摸摸"打小抄"，和喜欢的男生假装偶遇等场景，能够迅速勾起"90后"们的中学回忆，"就是这样的味道"。

高高在上、完美无瑕不再能吸引观众。明星"生图"指的是没有精修过的由路人拍摄的图片，机场图、餐厅偶遇、景点偶遇等成为新的热搜榜，"真实""立体"成了最大的亮点。岳云鹏做服务员的经历很接地气，邓超在微博搞怪"自黑"很接地气，毛不易唱"像我这样的一个人，本该平凡过一生"很接地气，吴昕在综艺节目中因焦虑忍不住失声哭泣也很接地气。越是真实的、和观众靠近的、流露真实情绪的，越能被观众追捧。短视频的逻辑也是如此。我们看欧阳娜娜的日常Vlog，赖床素颜，熬夜准备考试，为穿哪件衣服发愁，和同学一起学习，自己做饭……一个看起来普通的，和观众粉丝并无二致的女大学生，凭借记录自己日常生活的短视频，让很多路人转成粉丝。

"土味情话"在抖音和快手的走红也在于其内容有趣，在真实生活中说出来会让人感觉搞笑又甜蜜。抖音中各种神曲和卖萌舞蹈也很容易被复制和学习，正因如此，全国各地的年轻人才能在旅游景点、家中、商场大厅打卡录制。papi酱在视频里最频繁提及的饮品是奶茶，深夜徐老师录制的一系列最"涨粉"的视频是普通人模仿明星化妆。办公室小野走红最开始靠的是用办公室的饮水机煮泡面，李子柒的拍摄风格虽超凡脱俗，但是她拍的是野蜂蜜、腊肉等最常见的食材。由此可见，所有走红的短视频背后有一条共同逻辑，就是真实接地气。

1.2.2　人员投入少，设备简单，制作成本低

不需要多么复杂的故事框架，几个炫酷的舞蹈动作——太空步教学、滑步的简单示范，表演者就能收获 4 万到 6 万的播放量，这是每个街舞人的基本功，并没有什么技术难度。如果表演者选择在一些标志性建筑旁教学，如广州小蛮腰电视塔、上海外滩、北京故宫等，那么吸引的流量可能又会翻倍。相比明星的小视频，有意思的普通人也能收获大量粉丝，很多"网红"就是靠一己之长由"素人"慢慢成长起来的。辣目洋子——一个 1995 年出生的小姑娘，以搞怪、喜剧、脑洞为标签创作了很多短视频，一年多的时间就在各大网络平台积累了上百万的粉丝。她的第一条视频是"女孩学习 B-box"。没有道具，没有其他工作人员，也没有复杂的动作和表演，就是她在练习 B-box 的真实状态，因为她的表情、反应和打击出来的节奏有喜感引来了大量关注和转发。这一条视频基本无须花费什么物料成本，每个人都可以利用一台相机录制成功。

"抖音一哥"费启鸣有 1500 多万粉丝，微博粉丝有 400 多万，抖音获赞数有 3700 多万个。但是他只发布了 24 条抖音视频，这 24 条抖音视频全部是简短的唱歌片段、卖萌舞蹈，没什么技术难度，并没有精细的构思，而且很多条是在他的大学宿舍里录制完成的。文艺可爱的滤镜，人畜无害的表情，帅气的脸庞，清爽的笑容共同构成了"国民校草"费启鸣这一人设。他借此成功进入了演艺圈，上了综艺节目《快乐大本营》，作为男一主演了电影《我在未来等你》。找准自身定位，建立独一无二的人设，这无疑是最经济的走红攻略。"长得好看又不能当饭吃"这一俗语被彻底推翻，短视频时代，有出众的外形就可以凭借外表走红，回眸一笑、清澈眼神、纯净嗓音等都可以变成自己的标签。唱歌跳舞能不能当饭吃？代古拉 K 是抖音跳舞女神，有 1300 多万粉丝，她靠着可爱有活力的舞蹈风靡全网。低难度的舞蹈动作引来了很多人模仿，更增加了她的知名度。

我们回过头来看抖音的头部网红，他们的短视频作品成本都比较低，也没有使用高难度的拍摄技巧。总而言之，这是一条可复制的，对每一个有才华的人敞开的道路。

1.2.3 平台广阔，传播成本低

互联网带来的巨大红利，无论是圈内人还是圈外人，恐怕只有极少数人见识到，社交媒体给社会审美、大众舆论、传播方式等方面带来的颠覆和变革还在继续。博客和论坛给了普通人暂时离开狭窄的现实生活范围的机会，能和远方的有共同兴趣的人交流切磋。微博高效的信息流转使其逐渐成为最重要的舆论传播阵地，明星需要在微博发布最新作品维持热度，微博粉丝数量和互动指数成为重要的商业价值衡量标准。官方机构会在微博通告。普通人在微博发布自己的生活吸引同好。短视频平台，无论是综合平台还是聚合平台，无论是垂直领域的专业性平台还是娱乐意义的大众性平台，都在抢夺着用户的上网时间和流量。

这是可以自由地、便捷地、立体地表达自己的平台。微博可以发布 5 分钟以上的长视频，快手、抖音可以发布 15 秒短视频，开眼则不限制视频长度。秒拍、美拍是高颜值年轻人的集聚地，A 站、B 站则是二次元、学术圈、美妆博主们的俱乐部。国内目前的短视频平台有腾讯系、阿里系、头条系等几十家，既有头部平台如快手、抖音，又有特色平台如 B 站、开眼等。深夜徐老师是头部美妆时尚博主，在微博有 50 多万粉丝，她会发布旅行 Vlog、跟明星学化妆、采访当红明星的视频小片段。她在微博视频的粉丝群主要是年轻优雅的都市女性，她们追求精致的妆容和潮流的穿搭。徐老师也入驻了抖音，通常会将精简的微博视频上传，在采访明星的视频中选取最有戏剧性和话题点的部分；根据抖音用户年轻化的特点，她特意录制了一些更接地气的视频：年度最后悔单品，一毛钱浴帽的巧妙运用，揭秘高仿运动鞋品牌等等，因此也吸引了很多女孩的关注。针对不同平台的调性，发布有针对性的视频内容，能实现个人 IP 的最广泛传播。

当然，找好自己的"人设"和赛道是很重要的。papi 酱是"戏精人设"，因此她选择使用较长时长的微博视频可以更好地表现她的个性和观点；代古拉 K 是唱跳型美女，因此选择抖音的 15 秒短视频最合适，不会引起粉丝的审美疲劳；你好竹子的 Vlog 受众是高学历高收入的女性，因此在 B 站上拥有一大票忠实粉丝；吃播博主们的视频内容非常接地气，在快手上拥有更广泛的受众。短视频

平台已经发展得很多元了，免费发布视频，有完善的数据推荐机制；或者以内容为中心，或者以用户为中心，都在不断培育新的优质内容。同一内容可以同时在不同平台上发布，一般在微博、B站、微信公众号、抖音等平台平行推进才能广泛引流。最重要的是这些平台不仅提供免费服务，还积极地寻觅优质内容创作者来帮助其推广，对平台和内容生产者来说是互利互惠的。

1.3 红得快，轻松吸金

优质内容永远是短视频行业的核心竞争力。新奇的创意，及时追踪社会热点，产品格调鲜明并且能直击人心的作品越来越多地在各大短视频平台涌现。如今短视频内容生产端分为三层：UGC 指的是个人原创制作发布短视频，PGC（professional generated content）指的是专业或半专业化创作团队发布制作短视频，OGC（occupational generated content）指完全专业化机构制作短视频。早在 2016 年，一些头部短视频平台就宣布签约内容生产者，帮助内容生产者推广运营，持续跟进扶持资金，为短视频的商业变现奠定了基础。

在短视频平台拥有较大的用户规模和足够大的流量池后，短视频生产者的持续产出必然可以积累大量粉丝用户，也就是"变红"。下一步要考虑的自然就是商业变现：与平台进行内容分成、内容付费、商业广告、个人电商品牌、IP 变现等各种方式都可以实现盈利。对于 PGC 和 OGC 来说，其视频内容背后有专业成熟的操盘团队，不只是追逐用户倾向和喜好，而会引导用户创造新的潮流，因此更容易实现商业变现。当制作流程足够专业化的时候，变现就不再是难题。

资本的大量注入也提升了短视频内容创作者的底气。早在 2017 年，很多垂直领域的短视频内容作者和团队就吸引了千万级投资，如二更视频 A 轮就融资5000 万元以上，日日煮 A+ 轮融资 3500 万美元，意外艺术 A 轮融资 1300 万元，一条 B+ 轮融资 1 亿元，抹茶美妆 B 轮融资 1000 万美元，功夫财经 A 轮融资 1500 万美元。垂直领域的短视频相对于娱乐综合类视频来说，内容标准更高，专业团队、视频平台、天使风投几方力量共同合作形成良性循环，短视频内容生产者负责生产优质内容，平台协助推广，资本注入为其吸引粉丝和观众奠定了物质基础，自然"红得快"。

1.3.1 视频＋内容，吸粉新招式

卡思数据《2018 年度 PGC 节目行业白皮书》显示，2018 年整个短视频领域

以 8.8% 的速度急速扩张，其中 KOL（key opinion leader）类内容月增速接近 12%。PGC 行业进入平稳发展态势，整个领域的节目数量仍然维持在较高水平。那拍什么内容更"吸粉"呢？卡思数据发现，生活资讯、美食、时尚美妆、游戏、搞笑、影剧评、少儿、音乐舞蹈等类别依旧大热，旅游、汽车、科技、军事、文化教育、运动健康、财经等专业内容存在巨大发展空间。其中，生活资讯、影剧评和游戏类的粉丝对博主的专注度更高；财经、汽车、文化教育和运动健康类的粉丝最喜欢参与转发；时尚美妆、音乐舞蹈类颜值高的小姐姐更受粉丝欢迎；美食、游戏和搞笑类视频有适合的 BGM（背景音乐）更加分。

美食类短视频的市场份额不断提升，观众对"吃"的追逐始终强烈，因此李子柒和办公室小野稳居卡思综合指数前三名之内。李子柒的最大特点是拍摄环境优美，给观众带来了世外桃源般的观看体验；办公室小野的亮点则是在观众熟悉的环境里不断大开脑洞让人惊叹。不管是哪种风格，能让观众在视频中有代入感，能让人向往，有欲望，能喜欢视频中的美食或者喜欢做美食的人，就会大概率成为粉丝。搞笑类视频一直是高需求内容，papi 酱综合实力强、影响力也很大。时长 15 秒的视频中，观众对笑点的要求更高，期待时间更短，对毫无新意的模仿重复已经提不起兴趣。不得不说，搞笑类内容越来越接近天花板。影评、剧评类视频不太受 15 秒视频的冲击，因此内容是否专业、角度是否新颖、话语是否搞笑等都是吸引观众的重要因素。在大家都关注同一部电影时，构建自己的个性化评论是重中之重。

那么，影评、剧评需不需要刻意迎合观众的胃口呢？在迎合观众和创作高质量、有新意的内容之间，后者更重要。短视频平台井喷，视频内容生产者也越来越多，完全覆盖市场是不可能的；能够吸引和自己内容调性相符的观众，并将他们培养成超级粉丝才是应该努力的方向。

时尚美妆类视频看似门槛很低，但要制作出优质视频还是有难度的，因此目前高分博主和内容比较少。时尚美妆类视频受欢迎程度和博主是否是网红的关联较密切，博主的形象定位直接影响到观众类别。通常情况下，头部网红博主不仅需要输出最新彩妆产品试用报道，还需要接触商业品牌做广告，并不间断地向观众表达自己的审美观点。游戏类短视频的内容主要是主播解说游戏过程和试玩新游戏，主播的个人风格和魅力更重要。

选择做什么方向和领域的视频是短视频成功"吸粉"的基石，虽然美食类和搞笑类最容易获得广泛传播，但是我们还是要选择自己最擅长和最感兴趣的内容。追逐热点会让人疲惫不堪，要用心创造属于自己的热点。

1.3.2 视频＋娱乐，社交新模式

极光大数据发布的《2018年秒拍用户研究报告》发现秒拍用户较为年轻，25岁或以下的用户占比近5成，喜欢的视频风格偏于流行时尚、"二次元"等年轻化内容。

短视频的时长更短，而用户不再被动地观看，平台鼓励用户自己制作视频，分享传播自己的生活，通过视频来实现社交生活。用户在高压的生活和工作环境下，娱乐追求短平快，图片的点击率渐渐超过文字，视频的点击率超过图片也在情理之中。短视频的制作门槛低，不需要专业技能也能拍出有趣的内容，画面生成自带美化滤镜，对年轻女性用户有很强的吸引力，因此观众很乐意成为制作者。在秒拍，用户可以拍摄高清视频，同时还有一些有趣的功能，比如智能变声、炫酷特效、主题MV，用户不用花费很多精力就能利用平台提供的各种功能制作出好玩的小视频。同时还可以逛社区，明星们的短视频养眼有趣，娱乐八卦的小视频成为微信群里新的讨论焦点，短视频彻底进入了社交视野。

抖音总裁张楠曾说：

基于短视频，抖音上的用户正在产生新的社交需求，这些需求还没有很好地得到满足。比如说害怕别人对自己的动态评头论足，想发一条动态但还是放弃了；害怕社交压力带来的精神烦躁，想要区别出不同的线上空间；想给特定的人展现特定的自己。

于是多闪上线，致力于解决短视频时代用户的社交需求。视频以好友关系聚

合，没有公开评论区而改成私信，72 小时以后视频就会变成仅自己可见，降低了社交压力。还有更有趣的功能，比如可以用视频表达祝福或者道歉等，还可以用发视频红包。出彩的短视频生产者会慢慢积累影响力，影响力就是视频内容变现的核心。

1.3.3 视频＋电商，营销新篇章

智研咨询发布的《2018—2024 年中国短视频市场专项调研及发展趋势分析报告》中指出，移动营销领域持续增长，网络视频平台及头部内容的强人群覆盖能力有助于品牌"声量"提升，植入式内容营销开始吸引更多广告预算。短视频借助移动营销，焕发出更多生机与活力。目前，广告和平台补贴仍是短视频创作团队的主要变现方式，尤其是广告，是主要的创收来源。平台除了帮助分发视频内容以外，还承担着广告中介的角色。短视频商业广告的发展较快，一方面，广告主需要找到与自己产品匹配的短视频创作者，另一方面，短视频创作者通过适合自身属性的广告不仅能变现更快，还能进一步强调自身特色。垂直领域的短视频创作者更容易找到内容对口的广告商。

短视频广告形式远比图文广告形式丰富。一般来讲，搞笑类的广告更容易被转发分享，辣目洋子是这方面的专家，papi 酱也表现不俗。她们通常会根据产品想出天马行空的创意，出其不意地亮出广告内容，有趣不生硬，观众也能很愉快地接受，甚至比商业广告效果更好。你好竹子为了雅诗兰黛的粉饼和口红专门去新疆拍 Vlog，观众最开始是冲着新疆的冬日美景点开视频，其间出现雅诗兰黛的产品，自然就对产品产生了好感和好奇。

如果有自己的电商品牌，在视频拍摄过程中使用自家产品能直接引流。抖音网红呗呗兔是一位来自天津的美妆博主，她最爱在化妆的时候讲故事、唱歌，她就有自己的美妆品牌。李子柒同样成立了自己的同名品牌，比如其品牌的木筷，视频中，她详细讲述木材的选择，大量近景镜头展示筷子的特色；比如古法红糖的制作，她自己坐着牛车去甘蔗地里砍甘蔗，榨甘蔗汁，用汁水熬糖。产品的制作过程都在优美的古风音乐中完成，身在繁华都市的观众自然心生向往。短视频

营销的长处在于画面、音乐营造的各种氛围，观众看到的不仅是产品，更多的是情调、氛围甚至阶层属性。电商营销的关键在于博主个人 IP 的信服力，粉丝对博主越认同，消费就越热情，十个路人粉丝比不上一个超级粉丝，这是衡量博主商业价值的真实指标。

02

第二章

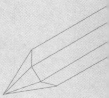

在短视频风口中，找准自己的定位

展示自己是一件高风险、高收益的事。短视频内容创业，找准定位是关键。定位的过程就是给自己建立人设的过程，我们要通过不间断的短视频创作，重复、重点强调自己的整体形象。这包括确定自己的创作目标和思路，找准用户群体，收集和目标用户需求，分析和发现市场稀缺，选择自己适合的领域。

　　用户淹没在信息的海洋，内容生产者需要上岸，观众也需要上岸。网红、KOL 们不断增强个人魅力，他们奔波在不同城市，发现小众有趣的咖啡馆和展览，只为了一个几秒的短暂镜头；或者是在世界各地飞来飞去，为观众打开一个环游全球的虚拟通道。培养电商型红人的吸引力更难一点，用户对广告有天然的心理防御机制。在生意来往之前，他们首先要大胆分享生活的方方面面，潜移默化地影响观众的心智和生活方式。人设不是虚假的形象，而是在短视频海洋中冒出头来必要的标签。

　　卡思数据显示，2018 年 11 月垂直行业短视频播放量明显下滑 4%。秒拍和西瓜视频两平台播放量的增速也不同程度回落，娱乐类短视频表现最惨淡，因为当月焦点事件不足。10 月国庆小长假过后游戏类短视频的播放量一般会下滑，因为在那期间大部分人都比较忙，尤其是大批学生回到学校，重新开始课程的学习，没有多余的时间。优质内容如何扩大影响力，吸引新的关注者是重中之重。但这些不乐观的数据并不意味着短视频行业发展受阻。第一章反复提到的 Vlog 就处在小风口，初代 Vlogger 孙东山认为，现在是"素人"入局 Vlog 的一个好时机，借助高质量的网络视频，播放量甚至可以胜过明星。带有强烈主题性、价值观或者讨论社会现象的 Vlog，可以一直保持新鲜感的旅行 Vlog，对现在的观众都具有很强的吸引力。

　　麻辣德子是一位抖音网红，靠着自己淳朴自然的风格打出了一片天，现在已经有 500 多万粉丝。德子是一位朴实的大哥，他在抖音发布自己独家创制的做饭教程，简单好操作。抖音的重要标志是去中心化，内容个性化、传播平民化是抖音能大规模渗透的法宝，内容创作者们要积极利用这一特点，不要怕自己的内容太平实，也不用担心自己没有高颜值和好唱功，只要敢于展示自己，就不用担心没有观众，世界上总有和自己喜好相仿的人存在。

确定自身定位也要观摩外界市场，知己知彼才能百战百胜。根据《2018 年度 KOL 红人行业白皮书》数据，KOL 和 PGC 两种内容形态的用户都以女性居多，25 岁以下是主力军，PGC 用户更偏一二线城市，KOL 用户向三四线城市下沉，在内容分类中，搞笑、音乐舞蹈，以及小哥哥、小姐姐发布的视频最受欢迎。平台分析数据显示，B 站粉丝稳定忠诚，以绝对优势领先。抖音、快手两平台的红人占比基本持平，而抖音的点赞文化已成为平台特色。多了解平台情况，在选择发布渠道和主要营销大本营时就会有所侧重。

2.1 了解自己，精准定位

展示自己是一件高风险、高收益的事情，收益是我们有机会得到很多人的喜爱和追捧，让自己的一技之长对别人的实际生活有所帮助，或者用自己的价值观吸引相仿的人。靠自己的技能和人格魅力打造 IP 还能实现商业变现，与调性相仿的商业品牌合作或者拿到行业大奖等直接的物质或荣誉奖励。风险在于主动把自己展示在互联网上，势必会引来他人的讨论、批评甚至厌恶。尤其是现在的年轻观众极具个性，向往小众，早已养成了各自的审美观看习惯，因此想要迎合全部观众已经不可能，找到自己真正的观众和潜在粉丝非常重要，前提是自己要找准定位。

定位的过程就是给自己建立人设的过程，也就是展现给观众的形象，包括外在形象和内在性格。人设通过长期重复、重点强调来营造整体形象，让观众一想起你的名字就会在脑海中迅速建构你的形象风格，或者当大家谈论某一类内容时就会立刻想起你。

确定了人设形象以后，就要进一步尝试短视频风格，比如语言类短视频，是搞笑、快节奏还是一本正经、懒洋洋，或者用 Vlog 记录生活是选择细水长流地慢慢讲述还是不断尝试新鲜刺激。唱歌类短视频要选择自己的曲风，舞蹈要选择自己的舞种，做饭也要选择是在家庭厨房还是在宽敞明亮的现代化厨房创作。做美妆分享是只做试色还是兼做化妆教程，化妆风格是日韩还是欧美。是挖空心思总要和别人不一样，还是紧追热点在每一热门分类中都要出现自己的身影。这些问题都是在不断调整定位的过程中尝试、试错、修正的。

2.1.1 确定创作目标：网络红人 or 卖货达人

短视频记录生活比图文记录生活更为生动。与亲友分开良久后在车站的相见，我们可以尝试用视频记录相拥的瞬间，自己认真烘焙的蛋糕可以用手机记录下整个辛苦劳动的过程然后搭配温馨的 BGM 上传到社交账号，做作业、读书也可以用相机记录下来，挑战自己的专注时间。

去旅行拍成短视频再好不过，新鲜的城市和景色，另类的生活方式，沉浸在其中的兴奋雀跃，通过照片很难表达出来，但是视频却能实时记录和保存。走过的城市，见识过的不一样的风景开阔了我们的视野，将有趣的画面拍摄记录再配以剪辑和音乐烘托，不仅可以让我们日后看视频回忆当时的美好，也能给想去那个景点但没时间去或还没来得及去的小伙伴真实的参照。这些自然而然的生活记录，其实都为你成为网络红人奠定了基础。

比如旅行博主 @Summer—Wayfarer，她一年的大半时间是在世界各地探索新鲜事物：去广西的乡下和当地人一起下河捕鱼，去伊朗的沙漠独自搭帐篷度过一周，去古巴的小城市玩滑板。古巴是个相对陌生的国家，我们对它知之甚少，Summer 深入古巴的小城镇，和当地人交朋友，和古巴年轻人一起玩音乐，这些对于观众来说是绝对新奇的世界，为她吸引了源源不断的粉丝。

显然，@Summer—Wayfarer 已经将旅行经历作为专业内容来经营，这也让她成为一名旅行 KOL（key opinion leader）。而想要成为 KOL，就要不断开辟新话题。既要关注当代年轻人都在意的方面，又要给出自己的新观点，有理有据就有说服力。输入决定输出，如果你爱读书，对某个领域的知识有独到见解；如果你经常阅读英文原版书和英文网站，了解一些外文世界里的事；如果你生活在某个不一样的城市，有着不一样的生活方式；如果你在某一行业打拼多年，有一点自己的独家秘籍，大方分享，组织好语言，选择一个好的场景，画一个精致的妆容，搭配一身得体的衣服，开始录制你的个性短视频吧！记住，个性化才能出彩。

成为 KOL 的路是艰辛的，付出当然需要得到回报。尤其是对于那些非富二代的网络红人，成为 KOL 本身就是为了未来的财务自由。艾瑞咨询的数据显示，2018 年"网红"在各领域收入的占比中，电商的收入占到 19.3%，排在第一位。因此，带货就成了一个比较好的选择。而且从另一个角度来看，带货也能近距离地接近粉丝，好的产品能起到很好的反哺作用，提升"网红"IP 的价值。

那么如何成为一名带货达人呢？这就需要将目标消费者变为自己人。你们有共同的爱好，比如游戏、旅行、美妆、美食、唱歌、跳舞等，这就是最大的联系纽带；你们有共同厌恶的东西，比如讨厌发嗲女、妈宝男、烟熏妆、臭豆腐等，这也能让你们有共同的话题；你们有共同的身份属性，比如老乡、小镇青年、北漂、新手妈妈、白领、球迷等，很容易就能获得粉丝的信任和支持。

知名美食短视频博主陕西老乔吃货拥有一大批吃货粉丝，他们对陕西美食情有独钟，喜欢吃 Biangbiang 面、油泼面、岐山臊子面、汉中米皮等美食，喜欢老乔做饭吃饭时一口纯正的陕西腔。尤其是那些漂泊在外的陕西游子，当他们一边看老乔吃着香喷喷的 Biangbiang 面，一边听老乔说着"美滴很""嘹咋咧""再来一瓣蒜"，老乔淘宝店中的陕西美食的灵魂"油泼辣子"自然很快就会进入他们的购物车。

所以，无论是网络红人还是带货达人，都需要拥有自己的核心价值，让观众成为自己人。把自己的快乐分享给他们，和他们成为知心朋友，用自身的价值观去影响他们，才能毫无违和感地卖东西，实现自己的最终目标。

2.1.2 确定创作思路：原创专长 or 模仿跟转

首先声明，模仿跟转并非随波逐流，盲目跟风不仅容易缺失辨识度，还有被扣上抄袭帽子的风险。以厨娘物语为例，这是一位小姐姐经营的美食短视频节目，内容清新淡雅，很适合都市年轻女孩的口味，但是她曾被指抄袭日食记。日食记是一位帅气男生经营的美食视频节目，他安静做菜的同时会在画面外加一些旁白烘托恬淡的心境，因为入局很早，视频质量一直维持高水准，所以早就成为家庭美食类的头部视频博主。其他人如果也想要尝试类似的家庭美食风格，应该动脑筋换一下拍摄环境、画面风格、菜系内容等，否则势必被头部博主淹没。

以唱歌舞蹈类短视频为例，抖音上有源源不断的新话题、新神曲、新动作、新滤镜上线，积极参与其中，不论是萌宠风格还是搞笑风格，都可以收获相当可观的点击量。抖音神曲的功效尤其显著，一线明星也拍摄流行桥段，充分说明了它的流量和热度。随便举几个例子，相信大家一定不陌生：

《我们一起学猫叫》《一起去浪漫的土耳其》《确认过眼神，你是对的人》《放假了，我想去北京上海玩几天》……

想要经营自己的 IP 可以多拍一些这样的视频，巧妙地借助热点宣传自己。抖音的热门话题、热门挑战有很多，可以选择适合自己的和自己感兴趣的作为短视频创作的素材。

时尚美妆博主深夜徐老师利用分屏的形式模仿明星化妆，下半部分是明星的原视频，美丽得体；上半部分是徐老师自己的模仿视频，着重强调普通人，充分迎合了大众的心理。明星的妆容看似随意，实则不然，她们精致的五官是普通人无法企及的，而徐老师跟明星学化妆的视频正好揭示了明星化妆视频不能照搬，自然大受欢迎。这就是非常高明的模仿。

选择自己最擅长的内容作为短视频创作的素材，这是毋庸置疑的，我们放在下一节具体论述。在此着重说一下我们在短视频中呈现的个人状态该如何拿捏？王怡冰 BB 是一个生活在三亚的女孩，长时间的暴晒使她的皮肤呈现健康的小麦色，她最爱的运动是冲浪和滑板，比基尼和滑板鞋是她的标志性装束。如此鲜明的外形，呈现在短视频中的她一定是热闹、开朗的，不管她讲的内容和做的事情是不是观众感兴趣的，观众一定会被她脸上洋溢的热情感染。王怡冰看起来没什么唱歌的技能，也从来不跳网红舞蹈，她把自己的价值观和生活方式在5分钟的小视频里眉飞色舞地讲出来就是她最有特色的原创标签。

　　由此我们可以看到，短视频内容创作者并非一定要有什么具体特殊的技能，只要你是一个有趣的人，脑子里有很多好玩的、有价值的事情想和别人分享，心里有很多想说的话，那么找一个小角度条理分明地讲清楚就足够啦。当然，如果自己已经培养了几项成熟的技能就再好不过了，可以大胆展示自己。

2.2　了解用户，指导定位

企鹅智酷发表《快手＆抖音用户研究报告》，对两大短视频平台消费者和用户进行了详细剖析，借此我们可以窥见短视频头部平台用户的大致情况。从用户收入来看，快手和抖音两个平台绝大部分用户的收入为 3000 ～ 8000 元，少部分在 8000 元以上。抖音用户本科学历的占四成以上，高中学历的占二成。但快手用户高中学历的占三成以上。从性别来看，快手和抖音用户都以女性为主，抖音的女性用户占比超过六成。20 岁到 30 岁的用户占据了短视频的半壁江山，其中24 岁以下的年轻女性表现最为活跃。在城市分布上，快手在四线及以下城市渗透率高于抖音，抖音在一二线城市渗透率高过快手。

喜欢有趣和接地气内容的用户自然偏向快手，喜欢潮酷和年轻风格的用户自然忠实于抖音，喜欢看 Vlog 的就奔向了 VUE，喜欢看二次元视频的就去了 B 站。去中心化的社区给了用户最自由的选择。在选择平台和下载渠道上，朋友之间的推荐传播是最常见的形式，"刷屏"意味着涨粉和口碑。那用户一般最爱看什么呢？数据显示，57% 的用户会关注有意思的普通人，53.3% 的用户会关注有才艺的达人，这两者是最受欢迎的内容。因此孙东山曾经说过，凭借高质量的 Vlog，"素人"有机会胜过明星。有创意、有趣的内容的接受度是很高的，即使是商业广告，不论是品牌直接展示还是在其他内容中植入都能被用户欣然接受。

用户刷短视频的时间以饭后和睡前的成段时间为主，上卫生间和通勤路上也会刷视频，但并不连贯。在二线城市，近七成的用户表示看短视频主要占用的是空闲时间，女性更多地把睡眠、社交和看剧的时间转移到了短视频上，男性则将看资讯和玩游戏的时间压缩。用户在刷短视频的时候是没有明确目的的，因此过半用户都会刷官方推荐的热门视频。想办法被推荐是走红的必要步骤。快手用户经常刷"关注"页和"同城"页，只要一位创作者得到用户认可，粉丝就会一直看他的视频，即使视频内容没有那么好笑、劲爆。而抖音用户点赞和在评论区互动的比例更高，他们更加在意内容带来的新鲜感和参与感。

在题材选择上，数据显示，搞笑类内容最受欢迎，其次是技能展示类、日常生活类、教程类、歌舞表演类、颜值类、风景类、游戏类。女性更爱萌娃、美食类短视频；而男性更爱颜值类内容。因此选择自己要经营的内容类别是至关重要的。

2.2.1 找准目标用户群体

麻辣德子抖音的视频内容有着鲜明的风格，他在自家厨房做菜，原料和步骤都很简单，15秒的时间就能呈现一道菜的制作过程，其间还鞠躬两次来跟观众互动。麻辣德子做的都是什么菜？可乐鸡翅、糖醋里脊、铁板鱿鱼、红烧牛肉等等，都是家庭餐桌上最常见的菜，因此吸引了很多想在家人面前露一手的男性观众。很明显，为了照顾大部分男性观众，麻辣德子将炒菜过程做了最大限度的简化，用的调料也大同小异，很好记忆，可以说是最实用的做菜视频教程了。麻辣德子简单大方的说话方式也很受男性观众欢迎。

当然每个人都是复杂的，我们有很多内容和故事可以讲，有很多技能可以展示。虽然每个人在日常生活中个性有差异，但展现给外界的都是四平八稳的形象，而在短视频中我们只有15秒时间，必须设计最抓人眼球的内容，也就是"人设"。人设该怎么设计，还是要看我们想吸引什么样的观众。喜欢乡村生活的观众自然会喜欢朴素自然的生活方式，因此李子柒在视频中经常穿着传统粗布衣服，在磨坊自己磨豆腐，用黄牛做劳动工具，在院子里种各种蔬菜和花草。从居住环境到个人形象，李子柒都在营造极为鲜明的田园风格。

利用各大平台的用户数据报告可以更好地分析用户的喜好倾向，但仅仅依靠数据做选择是远远不够的，还要尽可能多地分析头部短视频创作者的内容和运营。以papi酱的抖音短视频《南方都市丽人和北方都市丽人拍化妆水的不同》为例，这条视频的观众指向了年轻的都市白领和大学生，而这只是papi酱百万点赞视频中的一条而已。再以抖音头部IP萌芽熊为例，创始人张耀指出，做短视频起步比较晚的人更要做好内容定位，确定方向，以有效地避免激烈竞争。他给出的建议是找不同领域内容的交叉点，再从交叉形成的细分领域入手，这样更容易形成自己鲜明的风格，吸引潜在观众。比如呗呗兔就具有段子手和美妆博主两个重叠的身份。

2.2.2 收集目标用户数据

了解用户数据是为了更高效地投其所好。确定了自己的内容方向后要继续选择角度和细节。如果对用户数据不了解就没有目标，很难在较短时间内创作出观众认可的内容。而用户数据绝不仅仅局限于使用短视频的数据，目标用户群体的生活方式、消费理念和相关数据、工作职业、生活城市等也应该纳入考量的范围。

艾瑞咨询发布《2018年90后时尚生活形态研究》指出，"90后"是短视频的主要使用人群，他们在时尚资讯浏览上诉求更强，更渴望并擅长找到自己想要的信息，他们愿意花费时间在微博、微信和短视频App上，对明星街拍和博主搭配展现出浓厚的兴趣。在此背景下，"90后"也成为电商的主力消费人群。因此短视频和电商的融合成为电商平台、商业品牌和"90后"用户共同的需求。比如深夜徐老师就在抖音账号上发布各种搭配视频，年会、面试、回家过年等场合穿什么是很多年轻女孩都关心的话题，徐老师团队做好搭配后录制视频，添加上品牌信息和购买渠道，吸引了大量用户观看和购买。

艾瑞咨询的《中国轻中产的消费哲学》中提到了一个注重品质、强调生活"高性价比"的群体，预计到2020年，中国轻中产人群规模将达3.5亿人。高收入刺激了高生活品质需求的旺盛，不仅反映在物质消费上，也反映在文化娱乐消费上。这类人群善于挖掘生活中的乐趣，对未来三年生活品质的提升有信心。他们喜欢养宠物，铲屎官当得不亦乐乎；愿意为生活花心思，对居住环境都有自己的要求，孜孜不倦地追求生活美学。这一报告对于短视频创作者的意义在于帮助他们了解用户真实的消费能力和消费倾向，比如一些高品质家居类内容就很容易受到追捧，萌宠类的短视频也许会一直处于长盛不衰的优势地位。

以上只不过是用户数据的一两个小角度，想全面了解目标用户的真实数据和倾向，就要养成多观察多记录的习惯，将创作诉求融入实际生活中。

2.2.3 研究目标用户需求

"食堂夜话"于 2018 年 11 月入驻抖音，短短几个月时间粉丝已经突破1200 万，每周更新 2 到 3 次，完整讲述一个小故事。博主老黑在这个城市开了一家料理店，小小的店面成了很多年轻人聚会吃饭的一个固定场所，有人大学毕业以后去其他城市工作，出差路过这个城市都会顺便来看看老黑，讲讲之前的恋情和现在的遗憾。有人从高中开始就来这里吃饭直到大学，也会和老黑分享自己的成长心事。探讨的话题都是发生在年轻人身上的，比如男女之间到底有没有纯友谊，异地恋该如何携手同行，男生在女朋友面前强烈的自尊心，两个人相遇的时机很重要等等。不同的故事由不同的观众演绎，虽然时间很短，但是台词都很点题，所以能切中观众的泪点。

在表现形式上，"食堂夜话"也和抖音视频标志性的高度碎片化和快节奏不同。老黑的视频没有特别强烈的故事冲突，每一条视频都是在不紧不慢地用餐和对话中进行的，观众在听故事的过程中可以完全放松下来，但是总有精彩之处可以期待。一个故事分成两集，在同一天的不同时段播出，还能吊足观众胃口。

生活化的场景，身边小人物的故事，完全体现了在都市打拼的年轻人的关注点。他们年纪轻轻在城市打拼，有的很孤单，有的有人相伴，但是疲惫的时候、开心的时候总是希望有个温馨的、熟悉的、有安全感的地方可以驻足。老黑的视频打造了很多年轻观众理想中的小餐馆，自然受到千万粉丝的追捧。

卡思数据联合火星文化、新榜研究院发布的《2019 年短视频内容营销趋势白皮书》，提到 2018 年最赚钱的 KOL 类别前三名是搞笑段子类、美妆类、情侣类。男性也越来越注重护肤，"95 后"占比很高，这给美妆领域的内容创作者开辟了新的通道。在我们的刻板印象中，女性不爱玩游戏，游戏是男生的天堂，但是数据显示，24 岁以下的女性也经常沉浸在游戏类短视频中，因此游戏类短视频博主也应该及时照顾到女性的观看需求。同时，PGC 的观看需求越来越大，用户在看了大量的搞笑类、唱跳类视频后逐渐产生审美疲劳，知识类短视频呈现巨大蓝海市场。专业教程类短视频的缺口也越来越大。高水准的干货在短视频平台也可以尝试用轻松的方式演绎。

2.3 了解市场，清晰定位

2018年11月29日，第六届中国网络视听产业峰会在成都举行，B站（Bilibili）董事长陈睿发表题为"数读新世代"的演讲，多维度解读了当代年轻人的文化消费趋势和喜好。B站2018年第三季度平均月度活跃用户已经达到9270万，季度同比增长25%。在如今人口红利逝去的情况下，用户增长比之前要困难得多。

陈睿分析了B站的后台数据，博主们要么有才艺，要么擅长动画、科技、音乐等。但是也有例外，实拍农村美食美景的华农兄弟为了推销农村美食而制作视频，在网友的弹幕辅助下变得非常有趣。在不到一年的时间里，他们在B站获得了500万粉丝和超过2.1亿的播放量。B站网友热情地为华农兄弟制作了纪录片《遇见烟火》。陈睿由此提出，年轻一代的网民并不像人们想象的只喜欢科幻世界，只喜欢武侠、玄幻，他们同样热爱美好的现实，对现实中有趣的事物和人也有浓厚的兴趣。

头条上的科学领域优质创作者晓涵哥来了，讲述宇宙、历史奇观、未解之谜，揭秘一些历史奇闻趣事，外星生物实体的全面解析，在今日头条上收获67万粉丝。年轻人喜欢娱乐，并非只是无脑娱乐或"沙雕""鬼畜"，有意思的科普类、求知类视频具有意想不到的吸引力。B站还有大火的学习直播视频，是兴趣社群的雏形，这完全是年轻人自己创造的新型视频形态。观众不仅观看，还会和博主互动看书和记笔记的情况。局座召忠在B站也受到了意料之外的欢迎，他在B站开直播，同时在线人数达20万，年轻人甚至年轻女性对军事和国际关系的感兴趣程度远超外界预计。

B站和快手、抖音有许多的不同，B站的观众群大致分为游戏圈、"二次元"圈、古风圈、娱乐追星圈、美妆圈、学习圈等等，而快手、抖音的观众圈大致为搞笑类、唱跳类、萌宠类、汽车类等等。但无论是什么样的平台，市场都是广阔而宽松的，在每一大类下还可以细分为很多小类别和交叉类别，现在入局短视频，交叉类别最容易打开脑洞也最容易产生新创意：办公室和美食的交叉诞生了办公室小野，科技和创意的交叉诞生了黑脸 V，古风和美食的交叉诞生了李子柒，等等。

2.3.1 分析现有市场类型分布

目前短视频内容大致分为红海、蓝海两大区域，蓝海指的是未知的市场空间，全新的市场包括突破性增长的业务或者战略性新业务。而红海指的是已知的市场空间，竞争较为激烈。处于深红海的内容类别有美食、生活资讯类、时尚美妆、游戏、搞笑等，红海领域还有影剧评、少儿、音乐舞蹈等。蓝海领域有运动健康、旅游、文化教育、汽车、娱乐、母婴、财经、军事等。这些类别仍有很大的空间可供开发。2018 年 TOP 5 行业播放量占比分别为少儿 18.5%、生活资讯 16.2%、美食类 11.9%、搞笑类 9.7%、游戏类 9.0%，其他相关各类播放量总占比为 34.7%。从互动程度来看，游戏类、音乐舞蹈、时尚美妆、科技、美食、搞笑等类别远超平均值，内容上的互动性和运营团队的尽职使得这些类别更容易拉近和观众的距离。

2018 年卡思指数 TOP 10 分别为：李子柒，属于美食类头部内容；理娱打挺疼，是娱乐类头部内容；办公室小野，是办公室美食脑洞视频；papi 酱，是最早的搞笑类短视频；小伶玩具，是少儿类头部内容；晓说，是最受欢迎的成人类文化教育节目；陈翔六点半，是搞笑类；圆桌派，是文化教育类；蛋蛋解说，是搞笑类；李老鼠说车，是汽车类。其中晓说和圆桌派不属于短视频的范畴，这两档节目都是知识性的谈话类节目，在极短时间内很难让大众产生兴趣。其视频内容理解有难度，不符合短视频短平快的特点。在这里不得不说的是，在少儿领域内，最受欢迎的仍然是娱乐类而非教育类内容，可见知识类想要在短视频行业内闯出一片天难度是比较大的。

具体到每一类别内又各有千秋。以竞争性最强的美食类短视频为例，李子柒、办公室小野、大胃王密子君、华农兄弟、吃货请闭眼、山药视频、日日煮、农家小妞儿、中华小鸣仔等是年度好评节目，它们风格各异但都有很强的记忆点。大胃王密子君是国内较早开始做吃播的博主，她从直播发展到短视频，一路走来给很多人带来温暖。密子君的粉丝包括从头发花白的老奶奶到小学生，但主力依旧是"80后"到"00后"。对于工作繁忙还要保持身材的上班族来说，控制饮食是一项艰辛但必须完成的任务，不能吃太多含碳水化合物的食物，不能吃甜食，不能喝饮料，不能吃快餐，不能吃炸鸡……太多的"不能"让都市人在美食面前束手束脚。这份长时间的自律或者说压抑在密子君大吃特吃的镜头前得到了安慰和治愈。知乎上"为什么吃播这么流行？"这一提问得票数最多的回答是"因为孤单"。这就是真实的市场需求。

2.3.2　善于发现市场稀缺类型

会说话的刘二豆在抖音有4610万粉丝，在快手有500万粉丝，在萌宠类视频中稳居第一。自2017年8月7日发布第一条视频以来，博主就不断探索新的话题。最开始会说话的刘二豆只是拍摄了二豆的生活日常，没有配音也没有情节。后来豆妈开始为刘二豆加入角色特征，他是个话痨，学习不用功，还有点钢铁直男的影子。瓜子是后来加入的一只小猫，她是个软萌妹子，说话声音很甜美，学习成绩也很好，一直考班里第一名。二豆和瓜子的日常就成了最有看头的内容。二豆总是调戏瓜子，惹瓜子生气，他喜欢瓜子却不知道怎么跟她表白，调皮的二豆其实也在瓜子心里变得越来越亲近。拟人化是萌宠动物拍摄视频的一个绝佳手法，我们养宠物除了想要和小猫咪、小狗相互陪伴以外，还希望跟它们对话，总是想弄清它们在想什么，想知道它们身上每天在发生什么样的故事。刘二豆和瓜子的日常对话就契合了观众的猎奇心理，尤其是养宠物的观众，他们很容易在视频内容中找到共鸣。萌宠类视频并不处于蓝海区域，但是刘二豆和瓜子能够从这么多宠物类视频中脱颖而出，关键因素在于博主瞄准了观众的情感需求。

一切学问都是人学，拍短视频也是如此，归根到底要从人的需求出发。财经类、科普类、医学类都是目前短视频内容的新需求。时尚美妆类节目本来已经接近饱和，各种美妆试色和化妆教程让人目不暇接，头部大V们看起来已经将流量分割完了，但是这样处于深红海区域的一个类别依然有人可以靠新的更高水准的内容进入第一梯队，比如进行美妆科普的大嘴博士，他的内容都是用浅显易懂的方式讲学术性较强的护肤品知识，比如教观众根据自己的肤质选精华，除了分析各大品牌的精华液成分，还点出了不同肤质适合的化学成分，帮助观众学会看成分表。他还揭发了一些开架护肤品的营销手法，比如花印洗面奶、薏仁水等在年轻女性中畅销的基础护肤品。年轻女孩受限于经济实力没办法购买很贵的护肤品，难免将目光转向中低端畅销品。但是这些畅销品的性价比如何？这些相关知识，除了专业人士其他人并不具备。而大嘴博士的专业科普视频能高效率地弥补观众的知识盲区，为消费者省钱，也为自己收获了百万粉丝。

对于一些专业人士来说，入局短视频有着天然的优势，比如内容专业性带来的不可替代性，专业内容对观众来说也是很新鲜的，像悬疑推理类精品短视频还没有大规模发展起来，虽然类似"懂车侦探""白素侦"等产出了不少优秀的悬疑推理内容，但因为案源有限，脚本难度高，所以还有很大空间，如果尝试在短视频平台做一些推理烧脑类的小视频定有机会风行全网。

2.3.3　及早远离不会赢的领域

远离舒适区是我们取得进步的第一步，做短视频也是如此，如果孜孜不倦地制作一些没有技术含量和没有创新点的视频，就算每天更新十条也不会有很多的关注。比如情感语录类，很多人为了搭上短视频的顺风车，找来一些文笔优美的短句，再搭配合适的音乐就成了一段 15 秒的小视频。虽然制作并不费力，但是这样的视频并不能满足观众的需求，和图文时代的内容毫无二致。

另外，所谓的暴力美学并不值得提倡，比如模拟群殴场景等硬汉情节，虽然迎合了部分人崇尚武力的倾向，但是并不会得到短视频平台的认可。还有一些打擦边球的内容，也要敬而远之。

如果背后有专业的内容和运营团队的话，那么在领域和赛道的选择方面是很灵活的，成功的概率也相对较高。比如拥有 1200 多万粉丝的仙女酵母，一开始拍的是都市情感类短视频，由于网络上同质化的内容很多，即使增加了剧情内容和制作成本，也无法让粉丝持续增长，最终粉丝量卡在了 20 万不再上升。这样的状态持续了一段时间后，仙女酵母开始转型，选择了同类号少、成本可控、符合人设气质的中世纪复古风。仙女酵母 IP 定位很清晰，是一个接电话的仙女，粉丝大部分为具有购买力的成年女性，也为之后的带货奠定了基础。结果，转型 60 天就获得了 900 万粉丝，同时也开通了商品橱窗，实现了完美逆袭。

　　但是，仙女酵母 IP 的最终成功很大一部分要归功于运营团队。如果你是单打独斗，或者只是一个很小的团队，那么太复杂的内容最好不要去碰。不要为了凸显自己的高水平而设计一些不易于传播的内容，否则会得不偿失。

03

第三章

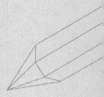

短视频创作之模仿秀

对于短视频的初次入局者或陷入创作瓶颈的资深短视频内容创作者，在灵感枯竭的时候，不妨试试模仿。创作者可以在对内容音乐、剧情、语言模仿的基础上，进行创意改编，展现个人独特魅力。同时要注意不能抄袭和生产违反平台规定的低俗内容。

　　　　抖音和快手两大短视频平台经常产生火爆内容，爆款歌曲、爆款舞蹈、爆款话语等等，爆款的成型需要很多人在同一段时间都参与传播才有足够动力，很多时候他人的演绎比原创作者还要精彩，这就是模仿的传播逻辑。能被众人模仿的内容一定是有着极强生命力的，真实反映用户喜好的。但是随着越来越多人的参与，会变得多元，更有看点。刚入局短视频或者遇到创作灵感枯竭的时候，不妨试一试模仿的路子。

　　抖音大 V 摩登兄弟刘宇宁，凭借着超高的人气登上了主流音乐节目《歌手》，他在这个带有权威意义的音乐舞台上肩负着挑战传统的担子。"网红"出身让他从报名以来就饱受争议，他在抖音一直翻唱他人的作品，很多歌曲都是在他演绎之后变"火"的，比如《那些你很冒险的梦》就是在刘宇宁的翻唱以后才变成抖音"大火"的恋爱主题曲。刘宇宁在抖音翻唱歌曲会选择短于一分钟的旋律感强的副歌部分，他通常会用自己的方式重新演绎。翻唱歌曲就是一种内容模仿，抖音和快手的歌手们一般都会选择翻唱。冯提莫在抖音上传她在首尔街头唱《月亮代表我的心》实力圈粉。为了维持热度，冯提莫也积极参与到抖音爆款歌曲的翻唱当中，比如《沙漠骆驼》《我们一起学猫叫》等等。

　　模仿并不仅仅局限于翻唱歌曲，多余和毛毛姐的"好嗨呦，感觉人生已经到达了高潮"先是被迪丽热巴和张卫健等明星模仿转发，后有各路网友大显神通，有人为这句话编了动感的舞蹈，这段舞蹈旋即又得到很多跳舞用户的追捧和模仿，有人在舞房跳，有人在野外跳，有人在商场跳；有用户用美声唱法进行了改编，有人边弹钢琴边翻唱，有人用嘻哈改编。这些创意十足的模仿又进行了第三轮的再次模仿，终于"好嗨呦"成为 2019 年年初的一大流行语，而积极参与到这个过程中进行改编模仿的创作者们都吸纳了新的粉丝。

"放假了"是 2019 年春节前抖音推出的新话题，有固定的音乐"放假了，我想去长沙、武汉、重庆、北京玩几天，就算没钱也要浪到洱海边，丽江新疆长江是我的天地，香港迪士尼～"。这个话题并没有固定的视频结构，创作者可以随心所欲地拍自己想拍的场景，很多在机场和火车站的年轻人纷纷拍了自己回家的小视频。类似于这样的话题在抖音上还有很多，有些话题有成型的模式，拍摄者只需要简单模仿就可以。有些话题没有固定套路，拍摄者可自由发挥，采用背景音乐或者手持拍摄就可以。

3.1　流行模仿套路

抖音短视频 App 发布 2019 年 1 月 14 日至 2019 年 1 月 20 日的话题热力榜，按参与本周内投稿和参与该话题的视频总播放量排行，高居榜首的是"pick 你的平凡英雄"，播放量高达 13.6 亿次。最开始是几家官方新闻媒体发布有关消防警察和其他公职人员无私奉献的视频，后来这一话题被无数网友模仿，拍出了他们自己生活中的英雄。第二名是"畅玩雪乡冬游记"，播放量有 12.3 亿次。国内冬天旅行的热门场地是雪乡，之前媒体上一度流传着雪乡坑宰外地游客的新闻，雪乡的口碑和评价跌至谷底，经过大力整治以后，雪乡的面貌焕然一新。很多人去雪乡旅行习惯性地拍摄短视频，这一话题逐渐升温，引来越来越多的人参与，不仅当地人热情洋溢地实时更新雪乡每天的变化，去雪乡旅行的人越来越多，而且游客的雪乡旅行记也越来越丰富。这些视频的内容大同小异，滑雪、泼水成冰、篝火晚会等户外活动，建筑物和街道上的美丽雪景、雪乡美食等等，如果有比较好的拍摄角度就会引来其他拍摄者模仿。

以上都是内容的模仿，内容的模仿参与比较灵活，拍摄者可以根据自己的创意和实际情况架构自己的短视频，像畅玩雪乡，虽然都是在雪乡，游玩的项目和景致都比较相似，但是不同的人还是会讲出不同的故事，差异性比较明显。恰恰就是这种差异会吸引喜欢自己内容的粉丝。

此外还有"确认过眼神，我是画中人"凭借2.3亿次播放量位列排行榜第八名，这是由"确认过眼神，我是对的人"演变而来的新话题，拍摄者们都采用一样的素描滤镜，将自己显示为画中人，背景音采用男女声不同版的"确认过眼神"，这是比较常见的模仿创作视频，似乎并没有什么新意，但就是这样不需要多复杂艰深创意的短视频才能将门槛降到最低，吸引大量用户参与，这是抖音等平台给每个用户平等的机会。刚入局短视频的"小白"们应该果断抓住每一次机会增加曝光度。

3.1.1　翻唱音乐

翻唱音乐是抖音最普遍的短视频形式，无论是像刘宇宁、费启鸣、冯提莫等大V用户，还是无数演绎《我们一起学猫叫》的小哥哥小姐姐，他们都在用自己的方式参与翻唱，展示自己。

选秀是上一次全民狂欢，从超女快男到《中国好声音》，再到如今的《中国有嘻哈》《这就是街舞》《创造101》，甚至包括《这就是篮球》，这些爆"火"甚至称得上是国民现象级的选秀娱乐节目成为那一段时间的舆论风向，上亿次的播放量和转发量，使粉丝经济、流量经济、娱乐新势力等概念被发掘。但是这些娱乐形式毕竟只是少部分人的狂欢，只有几十个人甚至十几个人有机会在镜头前展示自己，并且节目的发展走向在一定程度上掌握在节目组手里。选秀歌手演唱的绝大部分是别人的歌曲，只有少数几位是创作型歌手。而在选秀时代，纵然得到了那么丰厚的资源，也没有几个人能将翻唱的歌曲唱到全民参与的程度。

但是短视频将这一切重新洗牌，每个人都有了专属自己的镜头，手机和相机将展示自己的机会均等地给了每一个人。刘宇宁在YY直播唱了近十年一直是小众歌手，但随着抖音时代的来临，程序的算法将刘宇宁的唱歌视频推荐给成千上万的人，刘宇宁翻唱的歌曲在大街小巷循环播放，人们甚至忘了原唱是谁，只记得摩登兄弟刘宇宁唱过。并非每个人都像刘宇宁那样有扎实的唱功，帅气的外表，但是抖音观众们不再用对选秀歌手们的严格标准来挑剔手机端的年轻人，这里不是赛场，唱歌的最初目的就是记录美好生活，同理，在快手、西瓜视频、秒拍等平台也是如此。

翻唱歌曲的重点不再局限于唱功是否完美，和原唱是否相似，抖音观众们更愿意看到不一样的唱法，恶搞的唱法，深情的还原，卖萌的表情，只要有看点就可以红。"好嗨呦"本来只是多余和毛毛姐拍摄的一条视频中的台词，但是经过多位抖音用户的改变，既有男声的"鬼畜"唱法，又有女声的流行唱腔，还有美声等看起来完全不搭的唱法，而成为一大流行曲。我们观察到，在抖音翻唱歌曲，并不局限于明星们唱的经典作品，还有《我们一起学猫叫》等在抖音成长起来的神曲，还有一些小众歌曲，比如古风的《生僻字》，翻唱曲目的选择是非常自由的。

3.1.2 剧情演绎

"盘 TA"是 2019 年抖音的一个热"梗"，万物皆可盘，脑洞大开的创作者们不仅围绕着"盘"拍了很多短视频，打开任意一则短视频的评论区都可能见到"盘它"的评论。"盘它"最原始的出处是一则相声《文玩》，里面说："干干巴巴的，麻麻赖赖的，一点都不圆润，盘它！"把两个核桃或者玉石握在手里来回把玩，使之圆润。这个"梗"被抖音用户巧妙地用在各种事物上，最常见的当然是核桃之类，但是逐渐橘子、桂圆、香梨等水果，小猫咪的头，小孩的头，好朋友的头，甚至球鞋、煤球都成了盘的对象。再进一步，"盘 TA"演变出了更多的含义，比如看不惯一个人就要盘他，这里的"盘"就变成了"怼"。萌萌的小宠物可以越盘越可爱，温柔的"黑长直"美女可以越盘越接地气，总之创作者秉持"万物皆可盘"的理念，在日常生活中生发出很多灵感，给寻常的被忽略的事物增加了新的笑点。

2018 年抖音年度最佳神回复有一句"你是魔鬼吗？"被很多剧情短视频引用，既可以用来表达愤怒，又可以用来表达喜欢、倾慕，还可以用来表达羡慕。年轻人的"梗"有独特的语言环境，虽然这句话看起来意思很单一，但是在短视频那种轻松快乐的语境中，这句话被不同的剧情赋予了不一样的笑点。

在抖音最红的打招呼开场白是东北式的"来了老弟"，不管是不是东北人，不论男女老少，大家都使用这句话作为自己短视频的笑点。世界真奇喵制作了一个音乐集锦，将"来了老弟"完美嵌套在其中，火箭少女团的孟美岐和吴宣仪的音乐画面"每天起床第一句"和抖音腰子姐的"来了老弟"完美地衔接在一起，产生了强烈的戏剧冲突，让人开怀大笑。

在抖音，模仿热门剧情一般都是搞笑类，它能够迅速拉近和观众的距离；而且能够成为抖音热门的剧情和话语都是非常生活化的，每个人都可能在自己的实际生活中遇到，因此很容易模仿。多余和毛毛姐创作了很多热门视频，比如骂渣男、看恐怖片、面试、年会等，因为极具辨识度的形象和声音，还有生活化的故事情节，被很多人模仿和化用。而模仿者们有人直接复原毛毛姐的外表，有人和毛毛姐的视频对话，都具有一定的可看性。模仿热门视频可以比较快地增加曝光度，不失为刚入局短视频的一条捷径。

3.1.3　土味情话

虽然互联网信息的广泛传播在一定程度上改变了当代年轻人的观念和交流方式，比起父辈，他们不再那么羞涩，不再那么拘谨，会主动地寻求沟通，但是相比西方人那样大胆地表露自己的感情，他们还是不够勇敢。尤其是在表达爱意这一方面，除了在表白、婚礼这些重要场合会说出口，在平时的日常生活中大部分人都不会巧妙地表达爱意，这和我们的传统价值观不无关系。但是土味情话用巧妙的方式化解了尴尬，出其不意的套路和甜入人心的话语让人无法招架，在抖音、快手上有很多土味情话合集，年轻的用户为这些情话编排合适的情节，创作适宜的语境，观众纷纷点赞转发。

何炅在《明星大侦探》上演绎东北土味情话：

　　　　"你别说话了！"

　　　　"我没说话！"

　　　　"你没说话为什么我满脑子都是你的声音？"

还有：

"猪肉、牛肉、羊肉我都不喜欢，我只喜欢你，我的心头肉。"

　　土味情话进入明星的视野，由他们演绎再上传到短视频平台，引起疯狂转发，这条视频收获了 240 万的点赞量。

　　西瓜视频联合多位明星推出土味情话短视频，比如在《超时空同居》上映时，雷佳音和佟丽娅共同演绎土味情话：

"123，木头人不许动。"

"我输了，我的心动了。"

王源也玩起土味情话：

"我一直在等一匹马，你的 QQ 号码。"

"现在几点？"

"六点。"

"错，现在是我们的幸福起点。"

　　抖音上的"街头日记"发布的短视频，一个女生在街头叫住一个男孩子，问是否可以玩一个游戏，让男生迅速说出她说的每句话的第一个字。

"天涯明月刀。"

"天。"

"锄禾日当午。"

"锄。"

"要不要做我男朋友。"

"要。"

出其不意的甜蜜直击人心。

　　大学里的土味情话也很流行，男生作为被动的一方被女生用土味情话逗笑似乎播放量更高。问一个男生：

　　　　"你是哪个系的啊？"

　　　　"化学系的。"

　　　　"可是我觉得你是治愈系的。"

　　　　"知道世界上哪里的男生最帅吗？是站在我面前的你。"

　　高颜值的小哥哥通常具有更好的传播效应。类似于偶像剧的街头搭讪桥段由小姐姐小哥哥们完成，有些还是街头盲采，并没有经过彩排，真实的反应也是一大看点。

　　越来越多的年轻用户尝试拍摄土味情话，有趣的内容、好看的颜值、真实的拍摄环境给观众带来的体验既真实又浪漫，成为爆款是必然的。

3.2 增加新意，创意改编

模仿可以作为进入观众视野的一条捷径，当人们搜索一个爆款内容时，同时相关的内容也会被一并推荐。但是被看到只是第一步，如何让看到自己的人喜欢自己，点亮他们的眼睛，让这些匆匆过客有兴趣点进自己的主页并点击关注才是真正要费心经营的部分。"蹭热点"简单粗暴，虽然可以获得短期的流量曝光，但是并没有解决一个核心问题：如何让用户看到自己的价值。

新媒体运营大 V 付永承曾经总结过被用户关注的两大条件。首先是满足用户对快乐的追求，避免谈论负面情绪。由此我们看到，不论是 papi 酱还是毛毛姐，不论是食堂夜话还是费启鸣，他们的形象要么搞笑，要么治愈，都给观众带来了现实生活以外的片刻喘息和快乐。其次是满足用户的好奇心，为观众提供谈资，这类内容要稀奇、新鲜、长知识，"晓涵哥来了"创作的就是典型的能让人长知识的短视频。要模仿此类内容，可以在外在形象上模仿，也可以创作基调类似的内容。

"别人家的男朋友／女朋友"是抖音上很火的一个话题，《看好你的女朋友》也成为很多高颜值小哥哥小姐姐录制的一首爆款歌曲。在唱歌的过程中设计自己独特的手势和表情就是一个很好的方向，杨恒瑞在户外的阳光下演绎了这首歌，很多人在室内坐着或站着表演，但是户外明澈的天空和杨恒瑞爽朗的笑容成了他区别于他人的特点，自然就比别人更"吸粉"。大量模仿会带来同质化的内容，在用户基数较大的情况下，想要脱颖而出并不难，只需要在模仿视频里添加自己的创新点。

3.2.1 创新视频场景

短视频的拍摄场景至关重要，同样是《我们一起学猫叫》，在非洲拍摄非洲儿童唱"喵喵喵"绝对比国内小孩唱吸引流量，在上海迪士尼乐园拍摄唐老鸭唱"我的心脏蹦蹦跳"绝对比拍家里的玩具更好看好玩，在婚礼上新娘穿着婚纱跳

《我们一起学猫叫》绝对比平时在街上跳更有看点，这就是拍摄场景的创新带来的新鲜感。

场景创新并不需要多费脑力去搭建多么离奇的环境，只需视频内容和场景具有一定的冲突点，非洲儿童和《我们一起学猫叫》就是典型的例子，差异化的场景和内容会搭配出非常规的效果。会动的兔子耳朵是2018年冬天"火"起来的一种帽子，拉动耳朵旁的配饰，两只耳朵就会跳起来。软萌妹子玩兔子耳朵很和谐很养眼，但是也没什么亮点，钢铁直男一脸懵地玩兔子耳朵，头发花白的老奶奶玩兔子耳朵就产生了戏剧化的效果。

拍摄场景的随意性被papi酱发挥到了极致，她最开始的视频是在自家客厅、卧室拍摄，背景和一般家庭的摆设并无二致。papi酱用的道具都是生活中最常见的东西，比如在她拍摄的《如果女明星开始说实话》中，用女生的梳子、一次性筷子、签字笔、衣架等来充当女明星经常面对的话筒，并且占据了屏幕的一半，带有强烈的戏剧效果。

3.2.2 完善视频细节

原创者的视频虽然具有一定的传播性，但是笑点和看点都比较固定，而在很多人参与模仿创新后就焕发了更强的生机。完善原始作品的细节就不失为一种操作性较强的创新手法。细节的重要性不言而喻，尤其是在超短视频中，对视频内容节奏的把控应该精确到每一秒，对于15秒视频来说，每隔3到5秒就要设置一个小高潮或者反转来调动观众的情绪。

对于剧情没那么强的视频来说，展现在屏幕中每一个小的细节都要注意。以翻唱歌曲为例，《生僻字》被很多网红大V和普通用户翻唱，但是兔子牙身穿汉服手持宝剑，画着古典妆容，在西湖边上唱这首歌，就格外亮眼。她独特的服装和形象与歌曲内容完美融合。

完善细节也是在创造记忆点，因为在模仿他人作品的架构下，观众很容易忽略，如果能在视频的前半部分通过与众不同的细节制作出与原视频和他人视频不同的记忆点，就能迅速抓住观众。巧妙地运用BGM也是完善细节必要的技巧，兔子牙就曾借助《小了白了兔》这一歌曲到达第一个粉丝增长高峰。

给抖音流行的手指舞和神曲加入更多的动作、表情也是完善细节，给一段影视剧模仿加入更多道具也是完善细节。总之，将模仿内容做得更充盈、更完美，而不只是原地踏步，就可以打造出自己的差异化内容。

3.2.3　展现个人魅力

展示个人魅力是我们拍短视频的核心，手机竖屏很难拍出广阔的大镜头、大场景，因此多是近景镜头，像费启鸣的短视频多是上半身出镜，凭借其精致的五官和帅气的笑容征服粉丝。人成了短视频中唯一重要的元素。

在抖音"爷爷带大的孩子"话题中，有很多小学生可以写出一手漂亮的毛笔字，他们可以写春联，越是年纪小的孩子越显得萌。

在短视频中演绎经典桥段靠的就是演绎者的个人魅力。清宫戏之风吹到了短视频平台，进入短视频创作者们的视野，辣目洋子、多余和毛毛姐都曾创作过清宫戏片段。辣目洋子拍的辣眼睛版《延禧攻略》，每一集都有千万级的播放量，他们只采用了剧中几个人物的名字，剧情完全自由发挥，每个人物都发挥了应有的作用，贵妃的邪恶在短视频中被双倍放大，魏璎珞的狠心和辣目洋子胖胖的外表形成了强烈反差。而多余和毛毛姐的清宫戏《毛毛传》则更加无厘头，整个剧情由皇后和香妃、臭妃三个角色完成，当然这三个角色都是由毛毛姐一个人扮演的。她设计了打麻将的桥段，因为皇后总是输，她就罚香妃和臭妃打了十年麻将，最后臭妃绿色的头发都变成了黑色，她说："皇后，真的不能打了，头发颜色都打褪了。"成为最大一个笑点。

辣目洋子、多余和毛毛姐之所以能成为搞笑类的头部大 V，是因为她们认真打磨每一个细节，将看似无厘头的内容做得有逻辑、有笑点，从而成就了极有魅力的个人 IP。

3.3 拒绝低俗，理智模仿

俗话说"没有规矩，不成方圆"，模仿也需要遵循一定的规则，不能粗制滥造、生搬硬套，否则就会流于平庸低俗。

模仿是人类与生俱来的本能，"从众"的模式体现着认可、同理两方面的暗示，可以带给我们心理上的安全感。从模仿入手创作短视频，就好比"站在巨人的肩膀上看世界"，从已经被市场和受众所认可的成功案例中汲取养分，浇灌自己的创意，最后争取做到脱胎换骨、青出于蓝。"套路"也是"路"，是新手初出茅庐时可以选择的一条相对平稳的捷径。走好这条路，要对庸俗、媚俗、低俗说 No，在纷纷扰扰中坚持初心，保持理智。

爆款内容永远是短视频平台中最时兴、最热门、最吸睛的部分。一个模式的成功，势必会引起大量效仿，从而形成一阵霸屏热潮。从曾经火遍大江南北的"海草舞"，到笑翻单身狗的"地铁抓手"，再到上天入地无槽不吐的"戏精"系列，它们无一例外具有很高的互动性、可模仿性，简单易学又新奇有趣。就算不会控制节奏、不懂安排转场运镜的菜鸟，也可以通过模仿爆款让新手快速掌握技巧。基于短视频平台的内部算法，这些模仿的同款短视频会更容易被推荐，从而蹭到热度；同时，它们也会反哺爆款，为其提供更多的流量和关注度，持续吸引大众的眼球。因此，有人说"模仿是短视频的灵魂"。然而，简单粗暴地搬运模拟毕竟属于模仿中的下策，高级的模仿需要我们从"形似"向"神似"进阶；同时，要注意防抄防俗，注意规避红线、雷区。

3.3.1 模仿不等于抄袭

模仿借鉴是积累经验的一条捷径，而绝非走向抄袭的歧途。作家茅盾先生曾说过："模仿是创造的第一步，又是学习的最初形式。但我们拥护'模仿'只能到此为止，过此一步，则本为向上的垫脚石就转变为绊脚石了。"模仿和抄袭之间，有着一条不容触碰的红线。模仿的目的是学习，是化用已有的形式表达自己的内涵；抄袭则是不劳而获，窃取他人的劳动成果和灵感创意，侵犯了原创者的权益。

《2020 中国网络视听发展研究报告》数据显示，截至 2020 年 6 月，中国网络视听用户（含短视频）规模达 9.01 亿，网民使用率 95.8%，网络视听应用拉新作用显著，15.2% 的新网民第一次上网使用的是短视频应用。为了争夺更多用户，各大短视频平台开始大量签约头部创作者，并与机构合作，以打造优势内容。大量原创作品被随意抄袭、转载、剪切的现象随之而来。长期以来，短视频市场一直存在着抄袭多、反抄难的痼疾。作品数量庞大、抄袭成本极低、传播途径复杂、确权取证困难，使得当下的短视频市场沦为抄袭侵权的重灾区，变成了"免费的午餐"。一些主播选择成为"搬运工""剪刀手"，直接将其他主播的热门作品拿来，经过重新配音、剪辑，发布在自己的账号上吸引粉丝。有些抄袭者为了不被作者发现，还会选择跨平台搬运内容，甚至会翻墙搬运海外网站的热门视频。这种抄袭手段操作简单，投入低，风险低，回报高，吸引了大批跟风者效仿。长此以往，乱象即成。

纵容抄袭，是对原创者最大的伤害。针对短视频平台企业存在的版权问题，国家版权局曾按照打击网络侵权盗版"剑网 2018"专项行动的部署安排，约谈了抖音、快手、西瓜视频、火山小视频等 15 家企业。短短一个多月的时间，15 家短视频平台就下架删除了各类涉嫌侵权盗版的短视频作品 57 万部。平均下来，几乎每天都有 1 万多部侵权盗版短视频作品被下架删除，这一数字可谓触目惊心。

从根源打击抄袭，就要求创作者掌握正确的模仿方法，经历一个"创作—模仿—再创作"的螺旋式上升过程，即进行"二次创作"。

二次创作，就是要在爆款内容的骨架之上，加入自己独特的观点和风格。如果说抄袭是做原创者的"影子"，那么二次创作就是要走到阳光下，变成一个独立的、崭新的个体。在这一过程中，可以融合自己的优势去进行创作，从量的积累渐渐达到质的飞跃。爆款短视频中的一段表演、一句台词、一段音乐、一个"梗"，一旦走红就会引起用户的模仿热潮。在大同小异的模仿视频中，抄袭、搬运的内容只会让受众陷入信息茧房，造成审美疲劳；照猫画虎、简单模仿的内容又会给人以"东施效颦"的负面感受。只有旧瓶装新酒，以爆款的形式表现新颖的内容，才能不落俗套，在众多同质化的视频中脱颖而出。

例如同样在"土味美食领域"，拥有590万粉丝的美食主播王刚在介绍自己的短视频创作经验时称："我一开始模仿小彪，一开始是小彪的粉丝。"小彪，是另一位美食主播师彪，他在西瓜视频拥有400万粉丝。"我是受了小彪的启发，开始说'Hello！大家好，我是王刚……'其实也是经过模仿才有了自己的东西，有了自己的粉丝，我的粉丝一下子记住了这个人叫王刚。"王刚模仿的是小彪介绍自己、介绍美食的方式，这种方式帮助粉丝快速地记住了他的名字。但是真正使他在土味美食领域立足的，还是他接地气的讲解和游刃有余的操作。这种实用主义的"硬核"视频，模仿之余有真正的"干货"，粉丝才会买账，主播才能保持经久不衰的热度。

短视频内容的时效性、创新性特征，使得模仿注定只是学习创作过程中的一个低级阶段。只有在模仿中加入创意，避免抄袭，才能提升内容整体的竞争力，走得更稳、更远。

3.3.2 低俗内容不可取

之前快手上流行的"少女宝妈"曾被央视点名批评，年轻的小女孩们有了短视频这一展示平台，纷纷晒出自己的小宝宝和老公。这一触目惊心的现象有非常坏的社会影响，年轻妈妈们开始攀比年龄，甚至年纪越小越骄傲，相互之间模仿攀比，价值观歪曲。"网红"们天然具有引导作用，在短视频平台展示自己也是完全公开的，这也意味着坏的现象波及面会越来越广。

针对短视频的管制也在逐渐加紧和规范起来，新事物的产生和成长必然有一个摸索试错的过程，尤其是内容发布门槛的降低，使之前没有话语权的大众也可以随意参与到创作和发布中，从草根到走红全网甚至进入主流媒体的视野往往只需几个月的时间。那么在这种快节奏和广范围的内容平台上，必然会出现水平参差不齐的内容。值得注意的是，越是一些低俗的内容往往越容易得到快速传播，这些制作者正是摸准了用户的弱点加以利用，虽然短视频目前主要是娱乐休闲类的内容，知识类严肃视频较少，但这并不意味着低俗内容就可以在这里生存发展。

2019 年 1 月 9 日，中国网络视听节目服务协会发布《网络短视频平台管理规范》和《网络短视频内容审核标准细则》，对短视频平台和短视频内容制作者都提出了严格详细的要求。

该《规范》和《细则》要求短视频内容生产者上传视频需要实名认证，除了淫秽色情内容被禁止以外，又详细界定了新的管辖范围。比如网络短视频平台和用户不能未经授权自行剪切、改编电影电视剧和网络电影、网络剧等各类广播电视作品。伊丽莎白鼠是 B 站大 V，他擅长剪辑各类"鬼畜"视频，将我们熟知的影视剧比如《武林外传》巧妙剪辑造成强烈的戏剧效果，但是这样的擅自改编在以后的创作中空间会越来越窄。《细则》第 49 条还特意提到了禁止鼓吹通过法术改变人的命运，也就是封建迷信之类的内容被严厉禁止，类似转发某个视频就有好运发生的玩法也要放弃。

快手一直是低俗内容的重灾区，满屏的涂鸦、弹幕里满是脏话，以及打色情擦边球的视频都会被整治，因此这类视频的热点是绝对不能蹭的。还有一些崇尚暴力的视频，所谓的男人帮之类，以及谩骂侮辱的视频都是绝对要远离的。

还有一些视频，虽然不触及法律管制范围，但是和生活常识、社会道德相悖，也是不能效仿的，比如国家公职人员穿着工作服拍摄短视频是绝对不允许的，戴红领巾拍摄短视频也不允许。《中华人民共和国英雄烈士保护法》明确规定："亵渎、否定英雄烈士事迹和精神……寻衅滋事，扰乱公共秩序……由公安机关依法给予治安管理处罚……"红领巾是中国少年先锋队的标志，它代表红旗的一角，是革命先烈的鲜血染成。快手平台的宜宾盈盈为博取眼球、增加粉丝和视频观看量，在农田中拍摄穿着鲜艳暴露、佩戴红领巾的视频，被各地网民转发，视频播放量高达 300 余万次，实际上已经严重亵渎红领巾象征的爱国英烈、少年先锋队的荣誉，最终也为她带来行政拘留 12 日并处罚款 1000 元的处罚。

3.3.3　尊重平台规范和禁忌

抖音短视频 App 的公众号在 2018 年 11 月 30 日发布 11 月对作弊账号的处

罚通告，为倡导美好、正向的社区氛围，打造健康和有价值的平台，持续处罚作弊账号和内容。抖音平台利用技术手段打击作弊账号和团伙，并积极配合公安机关打击网络黑产作弊链条。仅11月，抖音就封禁作弊团伙的账号10000余个。8月，抖音为响应国家"剑网2018"专项行动号召，下架了1269个音频、5043个视频，永久封禁了1743个用户。其中，色情低俗类账号艾达、御姐、薛瘦子、一个人醉等被永久封禁，侮辱谩骂类账号最爱一线天、想你、十三、夏目贵志、追忆似水流年等被永久封禁，还有造谣传谣、垃圾广告、内容引人不适、涉嫌违法违规、侵害未成年人权益等的账号也被永久封禁。

即便如此，还是有人顶风作案，拍摄上传一些安全边界以外的视频。在算法推荐的游戏规则里，此类视频是不可能作为好视频推荐给更多观众的，反而会非常快地引火上身。

无独有偶，西瓜视频也积极配合整治内部环境，加强审核力度。快手成立短视频行业首家"社区自律委员会"，邀请知名学者、媒体人和普通用户共同参与对快手的监督，快手平台内设置了完善的用户"一键举报"功能，并在网站首页公示24小时举报电话和邮箱，对违规视频给予删除、警告、暂时封禁、永久封禁、报警等不同程度的处罚。

描述吸毒感受的"快手一哥"天佑，篡改国歌的"虎牙一姐"莉哥，以豪车、美女、金钱等低俗短视频火遍网络的陈山，最终都难逃被全网封杀的命运。这都是所有短视频创作者应该引以为戒的反面典型。

我们用短视频记录的是美好生活，是精彩的创意和幸福的瞬间，无论是自娱自乐还是为了吸引粉丝，都必须保证视频内容是健康的、积极的。无论时代如何浮躁，人们身心如何疲惫，真善美的东西永远是最有吸引力的。而为了搏出位，冒险拍摄违规内容，展示恶趣味倾向，终究是不登大雅之堂的，更无法成为头部大V。

04

第四章

短视频创作之"原创三连"

经过最初的定位和模仿阶段，要树立更加鲜明、立体、清晰的内容创作者形象，就要产出自己的"原创内容"。而原创内容的设计，就要从我要拍什么、我要怎样拍、我要拍多长时间三个层级，系统深入地规划自己的短视频细节内容。

　　模仿终究不是长久之策。有些成功无法复制，有些复制质量堪忧。千篇一律的内容，让在短视频这片大海中徜徉的观众窒息。最终，也会亲手杀死短视频行业本身。"问渠哪得清如许，为有源头活水来。"没有创新，就没有发展，想要在短视频行业闯出一片天地，就一定要坚持原创。原创需要解决三个问题：我要拍什么？我要怎么拍？我要拍多长时间？想明白这三个问题，你就可以踏上原创的征程了。

　　短视频行业正处在新的风口，竞争如火如荼。随便打开一个短视频 App，无论是抖音、快手、秒拍还是西瓜视频，都会有数以万计的短视频向你涌来，填满你碎片化的空闲时间。然而，问题也接踵而来："刷到停不下来，但一无所获。""内容千篇一律，同一首歌听到想吐。""昨天我下载了抖音……一连看了三四个小时……很好看，但是说实话，里面的内容太重复了，很容易产生审美疲劳。"当前短视频内容同质化严重，导致用户产生审美疲劳，让部分用户流失。要解决这一问题，唯有依靠原创。

　　原创需要解决三个问题：我要拍什么？我要怎么拍？我要拍多长时间？

4.1　我要拍什么？

　　原创视频的第一步就是内容，确定短视频的主题、情节等一系列核心要素。俗话说，巧妇难为无米之炊。一位优秀的导演如果没有扎实的剧本，也根本不可能成就一部佳作。短视频也是一样，首先需要确定的就是内容，选择什么样的题材，构造什么样的情节，甚至一些关键的台词，都需要精心打造，而这一切，在短视频制作开始之前就应该有大致的规划。

4.1.1 立足定位，策划主题

短视频制作的第一步，也是最重要的一步，就是进行内容定位。只有定位清晰、准确，才能在制作短视频时做到有的放矢，对于后续短视频脚本设计的推广才能起到事半功倍的效果。没有明确的定位，仅凭热情一头扎进短视频的海洋，无疑是非常不理智的。

想要精准定位，需要了解以下三个方面：首先要了解自己，确定创作目标、创作方式、创作类型，这些都属于你的个人意愿和个人特点。其次要了解用户，找准目标用户群体（年龄、性别、职业等），收集目标用户数据（兴趣爱好、购买能力、心理特征、在线时间等），研究目标用户需求。用户是你的观众，也是你的投资者，他们的需求十分关键。最后要了解市场，分析现有市场类型分布（生活类、搞笑类、资讯类），分析现有平台特点（微博、抖音），善于发现市场稀缺类型，及早远离不会赢的领域，适应市场的需要，在个人特质和市场之间找到一个平衡点。

根据你的定位，找到你自己有能力有意愿做到、用户关心喜爱、市场接受欢迎的主题，短视频的制作就可以正式开始了。毕竟，好的开始是成功的一半。

接下来，最主要的工作就是构思脚本。

脚本的重要性由来已久，一直是电影、戏剧创作中的重要一环。脚本可以说是故事的发展大纲，用以确定整个作品的发展方向和拍摄细节。电影和戏剧因为制作时间长、工程量大，一直很重视脚本。而短视频通常只有几分钟，很多创作者便认为拍摄短视频不需要脚本，这其实是一种误解。

对于短视频来说，脚本的意义和价值主要在于以下三点。

首先，能提高拍摄效率。短视频脚本最重要的功能便在于有效规划拍摄内容、道具与流程。撰写脚本的过程就是对拍摄内容纸上推演的过程，可以为之后的拍摄工作省却很多不必要的麻烦。只有通过脚本事先确定好拍摄的主题、故事，团队才能有清晰的目标；随之也就明确了要拍摄的角度、时长等要素，导演才能高效地完成拍摄任务。另外，脚本还能保证提前准备好视频中的道具，使拍摄顺序进行，极大地节省制作时间。

其次，能保证短视频主题清晰。对于短视频，尤其是有故事内容的短视频来说，主题是否明确是影响短视频质量的重要因素。由于短视频通常只有几分钟，因此视频不能有多余的镜头，所有片段都应该围绕既定主题展开。事先写好的脚本便是明确短视频主题的有效方式，创作者可以通过反复阅读和优化脚本来删除和增加镜头，以确保所有镜头都与主题相关，体现同一中心思想。

最后，能降低沟通成本，方便团队合作。脚本是团队合作的指导，通过统一脚本，演员、摄影师、后期剪辑人员能快速领会短视频内容创作者的意图，有效完成任务，减少团队的沟通成本。

具体在操作层面上，应该把握以下三个关键点。

首先，明确主题。每一则故事类短视频都有一个特定的主题，可能是表达一段心路历程，也可能是表达家庭婚姻生活的思考，我们必须先选定要表达的主题才能开始短视频的设计，因为之后一切的工作都要围绕这个主题展开。

其次，搭建故事框架。有了明确的主题，接下来的工作就是将主题一步步细化成可执行的文本。包括为主题确定一个合理的情节大纲，有具体的起、承、转、合，有具体的人物故事设计。在这一环节中，人物、场景、事件都需要设定。例如主题是表现异地恋的艰辛，那人物设定可能就是一对青年恋人因工作或学业不得不分居两地，情节则可能是女生在生病时无人照料、男生的关怀无法在同时空表达等。在这一环节，我们可以设置很多类似的情节和冲突来表现主题，最终形成一个故事。

最后，充盈细节。都说"细节决定成败"，对于短视频创作来说也是这样。一个好的短视频和一个差的短视频可能有相同的故事大纲，它们真正的差距在于细节能否打动人心。如果说主题是树干，框架是树枝，那么细节则是树叶，我们可以通过树叶来判断树健康与否。细节能增强观众的代入感，调动观众的情绪，人物也会因此更加饱满生动。确定了需要表现的细节之后，就要考虑用什么样的镜头和画面来呈现，这时候写出来的就是非常具体的分镜头脚本了。

4.1.2 观察生活，积累创意

艺术源于生活，但高于生活。的确，文艺都是对现实生活的反映和提炼，深深根植于生活的厚土中。同样，短视频也绝不可能与生活隔绝，相反，我们要细心观察生活，发现生活中的美好和趣味，从而为短视频制作提供源源不断的创意。

正如诗人何其芳所写的："生活是多么广阔，生活是海洋。凡是有生活的地方就有快乐和宝藏……"生活中有很多奇妙之处，只是需要一双善于发现它们的眼睛。特别是在商业社会，创意无处不在，并且正以强大的能量改变着生活。只要细心观察，就会发现生活中有很多巧妙的、值得反思和探索的领域。我们观察生活不能只用一种眼光、只从一个角度。可以宏观去看，可以微观去读；时而仰视，时而俯瞰。对外部世界多角度地观察，可以发现生活的各个侧面和事物的各种特征。只有对生活的观察足够深入，才能注意到别人注意不到的方面，想到别人想不到的创意，这样创作的短视频，才会让观众感觉视角新奇，内容有新意。

例如：因为青少年暴力所导致的悲剧在中国正呈上升趋势。因此，关于这个话题的内容就曾有这样一个创意。在中国，青少年犯罪与童年时期遭受语言暴力之间有紧密的联系。沈阳市心理研究所联手北京奥美广告公司，通过创意传播活动提升中国公众对语言暴力的严重性和危害性的认知。具体的方法是奥美广告公司与来自沈阳的知名艺术家谢勇先生合作，将经常使用的伤害性词语通过镀镍钢制作成模具，从而将这些伤害具象化。这些词语模具可以拆解并拼凑成具象武器的形状，比如枪、刀和斧头——如同这些青少年犯罪时所使用的武器。这个作品展示了暴力性语言如何在现实场景中真实地转化为武器，使伤害变得更为直观。奥美的团队还为这个特别的话题建立了一个迷你网站。浏览者能够在线体验这些词语变成武器的过程，观看每位青少年讲述自己故事的影片，还能够在网上咨询专业的辅导人员，探讨精神和语言暴力话题，其呈现形态是这样的：

网站一点进去是巨大的"猪脑子"字样，文字效果很特别。

鼠标下滑，文字开始变形。

"猪脑子"三个字最终变成了一把手枪。下方出现一个圆形按钮，然后会有一个视频的入口，讲述"猪脑子"的故事。

这个语言暴力转化的背后故事是这样的：

男主角的爸爸在男主角小时候经常骂他"猪脑子、猪脑子……"，因此男主角从小就很自卑，为了能让自己的爸爸看得起自己，男主角开始赌博，又被人下了套，越赌越大，也输得越多，结果不仅输了钱，还被赌场的人破口大骂。于是，男主角内心邪恶一面的导火索被点燃了，他用枪杀死了赌场里骂他的那个人。

扫码观看

《暴力语言会变成武器》

语言暴力在我们的生活中屡见不鲜，但是我们并没有从中悟出什么。然而这个短视频关注了我们忽略的语言暴力和真实的暴力之间的联系，将语言暴力具象成凶器的形状，创意满满。虽然类似于公益广告，但其中的创意非常值得我们借鉴。

4.1.3 挖掘热点，及时更新

人总是在不断地追求新鲜事物。总体上来说，对当下生活的关注总是超过对历史的关注，对明星八卦的关注总是超过对专业知识的关注。这些，就是我们所说的"热点"。"热点"是指受大众关注的新闻、信息，甚至可以是人物、地点与问题等。简单来讲，"热点"是信息在传播中最受大众关注的某个或者某些点，具有广泛的传播度和关注度。广义上的热点可指"社会热点""新闻热点""问题热点"等，狭义上的热点可指"某个事件""某个地点""某个观点""某个词汇"等。大到人大会议，小到"蓝瘦香菇"，都是热点信息。

短视频创作者都希望获取更高的流量，也就是更好地传播自己的内容，那就更需要挖掘热点了。我们构思内容时，一定是建立在某个事件、某样产品、某场活动、某部电影等具体话题的基础上。热点是自带高流量光环的话题。追热点，无论根据热点产出的内容多么平凡单薄，几乎都能得到比平时多数倍的转发量。而且，热点让我们更容易借势产出相关话题。热点事件相对来说比较成形，只需要找到合适的切入点加以创作，而不用从零开始构思一个选题，就可用较低的成本获得较高关注度。热点本身迎合大众心理，易获得转发。大热点出现时，常常会呈现出"刷屏"之势：大众出于优越感及认同感的需要，往往对热点事件格外关注，并进行积极转发；相反，与热点脱节的内容大众很少关注，很容易被淹没在海量信息中。

需要特别注意的是，热点是有时效性的，而且各个热点能持续的时间长短不同，这就需要我们及时更新了。过时的热点就像过气的明星，无论曾经多么叱咤风云，都已经是明日黄花，风光不再。

为了能够及时跟上热点，及时更新，最好的办法就是保持一定的更新频率，持续输出内容，从而适应行业运行的规律，面对热点随时做好准备。同时，更高的更新频率也有很多其他的好处。

比如能够低成本、高效率地找准节目方向。在开始做短视频节目之后，最重要的就是确定节目所选的方向是否合适。如果节目的更新速度太慢，在一周之内只出一个视频，根据视频效果检验节目方向是否正确，时间成本就太高了。一个视频的播放量无法说明什么问题，可如果要对比数据进行分析，就差不多要花费一个月的时间。而如果达到日更的状态，每天尝试不同的选题方向，大概根据两周的视频播放量，针对每个视频的数据进行分析，就能很好地帮助节目找准视频选题方向，大大减少视频选题的试错成本，也有利于对粉丝的维护。粉丝的数量是一个短视频节目成败的关键，维护粉丝自然不可轻视。如果短视频节目每天更新，就能持续激活粉丝群体，同时吸引更多的粉丝关注。比如二更视频，每天更新4到5条原创视频，吸引了无数的粉丝关注。除此之外，每日更新节目还能与粉丝加强交流，及时调整短视频的内容和方向，使得短视频节目更被粉丝接受和喜欢。

当然，蹭热点也要讲求分寸，不能没有下限。比如"师娘"李思颖蹭沈大师热点事件，流浪汉沈巍凭借着渊博的知识和不凡的谈吐，在抖音上受到了众多网友的追捧，被称为沈大师，这原本是一件正能量的事情，但是，一位看起来气质优雅的单身中年女粉丝以崇拜和帮助沈大师为由，一步步地成为所谓的"师娘"，拥有了数十万粉丝。她从公益售书一步步过渡到卖保健品，终于露出了狐狸尾巴，也触碰到越来越多网友的道德底线，最终难逃被封杀的命运。

4.2 我要怎么拍？

明确了所要拍摄的主题和内容之后，就需要选择一个独特的角度，运用各种技巧呈现内容，打造出让观众足够满意的短视频。拍摄短视频和写文章一样，主题和技巧一样重要，《论语》中说："质胜文则野，文胜质则史。文质彬彬，然后君子。"说的就是内容和技巧要相互匹配，才能达到最好的效果。

4.2.1 融入情感，呼唤共鸣

人是情感动物，越是能获得情感共鸣的内容，越容易得到社交媒体时代受众的认同。一个社会热点往往能获得成百上千万网民共同关注，极易点燃受众情绪，加剧网络舆论的扩散，甚至呈现指数级传播效果。近年来，一些爆款短视频的广泛传播，便是情感共鸣引发指数级传播效应的范例。一些短视频在 15 秒或 59 秒的时间内，通过震撼的画面或带有鲜明感情色彩的诉说或讲

扫码观看

《不能躺，一躺下就起不来了…》

述，把新闻事件或人物采访的精华展现出来。比如，人民日报官方抖音号曾发布过一条短视频，内容是参与过中国所有核试验任务的林俊德将军在生命最后时刻仍旧惦记着工作，嘱咐身边工作人员的画面。这个视频让很多用户落泪，播放量上千万，获得 284 万人点赞，10 多万人转发。此外，还可以通过讲普通人的故事获得关注和支持。比如，一位高位截瘫患者的妻子每天会把自己照顾丈夫和她给丈夫唱歌的视频传到抖音，很多人看到了一个乐观向上的平凡又伟大的女性，从心底被感动，进而持续关心、关注他们的生活。

除了好的内容感动用户，另一个能让短视频瞬间变火的方法就是实现与用户的共鸣共振，触动他们心里最柔软的部分。很多成功的短视频作品制作不一定多么复杂，主要是选好了切入点。比如人民日报官方抖音号 2018 年 10 月 5 日发布

的一个作品，国旗班战士在升国旗行进过程中随手捡起一面游客掉落的小国旗，而不是踩过或置之不理，这最帅的弯腰让不少用户点赞、评论，很多人评论说："战士捡起的是国家的尊严，帅爆了。""绝不能把国旗踩在脚下，为国旗班点赞。"这种作品就像 2017 年人民日报客户端获中国新闻奖一等奖的图片新闻《中国，一点都不能少》一样，把爱国热情传递给更多的人，产生强烈的共鸣。容易产生共鸣的题材还有怀旧、育儿、明星等，围绕这些选题制作的短视频会有更多人响应，这些内容也会成为抖音平台发起相关挑战活动的首选，评论数也最多。有时候用户会跟着一起吐槽，有时候会勾起他们的回忆，有时候用户会自己制作类似视频，引发新一轮相关话题讨论。

4.2.2 时长恰当，节奏合理

短视频，顾名思义，关键在于短。短视频的"短"只有上限，没有下限。一般来说，短视频的时长在 5 分钟左右，虽然短视频行业未精准定义短视频播放时长，但可以确定的是，以 5 分钟为基础，超过 5 分钟时间越长的视频越不足以称为"短"视频，而短于 5 分钟的视频却没有任何限制，它可以短至十几秒，甚至只有一两秒。现在被广泛应用的视频平台中，今日头条的视频标准为 4 分钟，快手为 57 秒，抖音为 15 秒，微信为 10 秒。因此，选择恰当的时长，适应各个平台和观众的需要，就显得尤为重要。

在控制时长的基础上，一定要有节奏感，才能让受众观看的时候更容易理解，更有层层递进的感觉。那么，短视频制作如何把握节奏？这就要结合处理短视频节奏中常见的问题说起。在平时处理短视频节奏时，常常遇到两个问题：平和乱。意思就是要么短视频内容没有起伏过于平淡，要么就是太过随性，毫无章法可言。下面简单介绍一下具体如何把握节奏。

首先是内部节奏。内部节奏主要是指由情节发展的内部联系或人物内心情绪起伏，以及创作者的思绪波澜而产生的节奏。当然也包括观众欣赏时情感接受的节奏。这些靠剪辑人员的经验以及对整体的策划把握来体现，不仅体现在技术上，有时更注重思想以及灵性。

　　然后是外部节奏。外部节奏主要是指因画面上一切主体的运动，以及镜头转换的速度而产生的节奏。也就是观众可以直接观看到的节奏形态。如：画面转换节奏，解说词讲述节奏，后期配乐节奏等，这些节奏形态有机地交融在一起，构成了作品的外部节奏。后期剪辑人员要把握整个短视频的节奏，让视频各组成要素的节奏互相交融，互相衬托，从而给人舒适感。

　　虽然可以将短视频制作划分为内、外两种节奏形式，但是在制作的时候两者也是交织在一起的：内部节奏以外部节奏为表现形式，而外部节奏则以内部节奏为依据，两者互相配合才能让节奏分明。在这一点上，如果你是一个短视频制作新人，建议从15秒的抖音短视频制作开始。一方面内容相对比较简单，可控性强；另一方面由于现有平台的原创特效、滤镜、场景切换等技术领先，配乐又以电音、舞曲为主，所以依据平台创作出的大多数作品节奏感很强，更容易让人找到感觉。总之，短视频制作者一定要搭配好内外两种节奏，使得短视频节奏合理，为观众带来良好的观看体验。

4.2.3 观点新奇，有吸引力

　　任何内容都会传达一定的观点，各种媒体本身就是以传达资讯和观点为生。短视频与其他媒体一样，新鲜独特的观点总是能够得到青睐。尤其是一些以公众话题、热点事件为题材的短视频，其中的观点就成为这个短视频表达的核心，新奇与否直接决定了能不能吸引观众、能不能得到观众的喜爱。在这方面，papi酱就是一个很好的例子。

　　在papi酱最新短视频的选题中，有些是耳熟能详的话题，如怀孕问题、过节行为规范等；也有些是"仁者见仁，智者见智"各持己见的话题，如职场如后宫、女人看不看世界杯、大夫胜任所有职业等，对于这些话题的观点，如果没有一定的新意，就很容易落入窠臼。对这些"司空见惯的问题"提出有创见的观点绝非易事。以下是papi酱短视频中的实例。

　　对于普遍存在的追星现象，papi酱在视频中表达的观点是："我花自己的钱，追自己的星，动你们家存折了！"在《没有钱怎么追星嘛？》中，先大量列举追星花钱的情况，如参加偶像的演唱会，买偶像的新唱片，吃偶像吃过的美食等等，再指出对于有些人，追星是其挣钱的动力，然后诙谐幽默地说："在此，我呼吁，全民来追星，拉动 GDP！"最后旗帜鲜明地亮出个人标语："我是 papi 酱，一个集美貌与才华于一身的……迷妹！"相较于常见的反对盲目追星的观点，她这种支持合理追星的观点显得与众不同而又合情合理。papi 酱并没有站在高处上纲上线地指出盲目追星有什么害处，而是以一个"迷妹"的姿态委婉地指出只要目的单纯、花钱适度，并能把追星作为自我进步与发展的一种精神支柱，也是无可厚非的。类似的视频还有，对于秀恩爱现象，papi 酱的观点是："在不影响他人的情况下谈恋爱，才是符合社会主义核心价值观的恋爱。"

papi 酱的独特性不仅表现在视频内容观点、视角有新意，也表现在创作手法有新意。对于中国人过圣诞节这一争议话题，papi 酱的观点是："我是 papi 酱，一个集美貌与才华于一身的不过圣诞节的人。"papi 酱在其所有与圣诞节相关的视频中都坚持这个观点。同样一个观点分别出现在了《圣诞节，你真的了解吗？》《马上就是 12 月 25 号了》和《如果圣诞是中国传统节日》三个短视频中，但每一次的表达手法都各不相同，也各有特色。在《圣诞节，你真的了解吗？》中杜撰了一个关于圣诞节由来的故事，称圣诞节是为了纪念中国唐朝的名医金圣叹，"圣诞"即"圣叹"，列举了种种纪念金圣叹过程中形成的"习俗"，最后一本正经地倡议："关注圣诞佳节，关注我国传统文化。"在《马上就是 12 月 25 号了》中，短视频开篇用一句"马上就是 12 月 25 号了，我们都知道，12 月 25 号是……"引出话题，但接下来话题却出人意料地进行逆转："法兰克帝国建立的日子、我军击退了国民党反共高潮的日子、十二月会议召开、中国科学家成功跟踪失控返回式卫星的日子、毛主席批准兴建葛洲坝工程、人类消灭了天花、戈尔巴乔夫辞职……"然后，点出主题："你们呢！只知道个圣诞节？"在《如果圣诞是中国传统节日》中，则别出心裁地将圣诞节与春节置换，列举大量关于中国人过"圣诞"的情景：一位年轻人正在跟家人打电话："妈，现在我们年轻人都不过圣诞了，我们过春节"；我们从小都背过这样的古诗词："每逢圣诞倍思亲，驯鹿饺子来二斤"等等。这些手法都可谓独具匠心。

4.2.4 制造冲突，引人入胜

情节性较强的短视频，也可以归在微电影等戏剧艺术一类。既然如此，就需要遵照戏剧创作的范式，依靠戏剧冲突推进故事。麻雀虽小，五脏俱全，视频虽短，也有冲突。我们可以这样类比，短视频之于影视剧，正如绝句之于律诗，长度不同，写法不同，但总少不了起承转合。

戏剧冲突指表现人与人之间矛盾关系和人的内心矛盾的特殊艺术形式。同时也是戏剧中矛盾产生、发展、解决的过程，由戏剧动作体现出来。从戏剧冲突中可以表现出人物的性格与剧本的立意。有这样一种说法："没有冲突就没有戏剧。"戏剧冲突是戏剧的灵魂，是社会生活矛盾在戏剧艺术中的集中反映。

那么如何来构建戏剧冲突呢？这里我们结合网络上一篇《构建戏剧冲突的基本方法》来聊一下。法国戏剧理论家布伦退耳说："戏剧所表现的是人的意志与神秘力量或自然力量（它们使我们变得有限和渺小）之间的冲突，它将我们之中的一位放在舞台上，在那里，他反抗命运，反抗社会规律，反抗他的同类之一，反抗自己（假如需要的话），反抗他周围人等的野心、兴趣、偏见、行为和恶意。"在实际生活中，作为社会成员生活在具体环境中，工作、生活必定会遭遇各种各样的障碍，在内心激起克服障碍抑或放弃的意向与动作，而那个被他的行为动作引发的对立面必定有其反动作，人物性格、戏剧冲突由此而产生。那么，如何为戏剧冲突的发生设置障碍呢？在构思情节时，首先要有一个明确的主旨，有欲表达的思想或目标；其次，确定一连串事件发生、发展的契机，即人们常说的戏胆。然后，依据人物性格和情感本身的力量展开，使事态向制作者欲表达的主题发展。只有冲突充分展开，才能使参与冲突的各色人物情感、性格不断发生碰撞，使事态向纵深发展，真正使人物性格鲜活起来。古往今来无数的创作实践证明，只有如此，才能把观众驱策进制作者设计的诱局迷宫，在不断的峰回路转中流连忘返，在不断的柳暗花明中获得一种全新的审美愉悦。

致敬"天生要强"系列短片，大量使用了近景、特写、独白等影视语言，近距离捕捉人物内心真实的情感，用独特的语言体现了人物的要强，造成戏剧冲突，引发观众的共鸣。

　　——"如果我能跑完马拉松，世界上就没有我做不到的事！"

　　——"如果能在毕业前跑完马拉松，我就去闯一闯！"

　　——"我行的！"

　　——"将来我的孩子会以这样的妈妈为自豪！"

扫码观看

《致敬每一位天生
要强的毕业生》

　　每个短视频制作者都应该对戏剧有一定的研究，把握短视频剧本的创作规律，充分运用戏剧冲突，使短视频一波三折，跌宕起伏，这样才能牢牢抓住观众眼球，引人入胜，让观众欲罢不能。

4.2.5　团队协作，合理分工

　　一个短视频，时长不过3～5分钟，背后的工作量却是巨大的：需要前期准备、内容策划、拍摄、剪辑、变现和后期运营等工作，尤其是一档短视频节目需要持续产出时，只靠一个人的力量是不行的。这时候，就需要组建一支团结高效的短视频团队了。这里我们结合制片帮的《抖音代运营公司岗位划分》来谈一下。

　　短视频团队主要分为以下三块。

　　首先是内容官，相当于团队的总导演，主要负责短视频垂直领域的内容。对短视频的风格、拍摄内容进行策划。内容官在团队组建初期，带领团队确定制作视频的大方向后，结合视频播放效果，以及团队能够持续输出的内容，再确定一个具体的小方向。内容官要清醒地认识到垂直（细分）的重要性；不断通过了解视频的播放效果、研究同类大号、解读后台数据等方式，聚焦并优化选题内容。在和粉丝互动、平台推荐过程中，紧跟热点、策划爆点，打造自己的专业领域的标签。尤其要考虑后期的收益，避免盲目跟风。

其次是技术人员。在团队组建初期，基于成本的考虑，建议拍摄、剪辑工作由一人承担。技术人员要对前期拍摄和后期剪辑在硬件和软件上有过硬的技术，愿意不断学习和摸索新技术、新的拍摄和剪辑风格，在不断学习中，提高创作水平与制作的速度。有时候，好的拍摄和剪辑手法，也能起到画龙点睛的作用。

最后还有运营人员。运营人员首先要能够准确把握平台调性，对各平台的推荐机制、平台流量、粉丝的兴趣点，尤其是平台的盈利模式，有着准确的把握。其次，做好视频文案的写作与推广等工作。运营人员要能够准确地解读后台数据，做好和平台客服的沟通、收集平台信息等工作。运营人员工作的效果直接影响内容的选择。所以，运营人员要对用户有相当的敏感度，能准确把握用户的需求，增加用户黏性；要能根据自己专业领域的标签在多平台卡位，打造多平台矩阵，实现平台间的引流，从而让变现来得更快，让自己的短视频走得更远。

通过团队中不同角色的相互配合，合理分工，可以大大提高短视频制作的效率，优化短视频制作流程，对短视频的质量更好把关，从而提高短视频栏目的综合实力。

4.3　我要拍多长时间？

短视频的时长一般在5分钟以内，还有一些其他因素影响其时长。比如平台的规定，各个平台对短视频时长规定不同，各平台生产的短视频时长自然也不同。比如短视频本身内容的要求，剧情类短视频要求把故事讲清楚，需要的时长自然高于很多其他类型的短视频。当然，制作短视频最终还是要恪守"短"的底线。时长没有下限，但有上限。

4.3.1　平台不同，时长不同

关于短视频的定义，在行业中有个不成文的说法，一般是指播放时长在5分钟以内的视频内容。不过5分钟以内这个范围其实颇为宽泛，围绕短视频的时长究竟多长才是行业标准，所有参与者都急于更精确地定义它。这不难理解，在任何一个行业中，想成为行业标杆，首先要定义一个行业标准。

15秒的微博

微博用户可以发一段15秒短视频或由几张照片组成的15秒视频，将短视频定义为15秒。这个15秒短视频，是为UGC而非PGC设计的，操作简单方便。

15秒的陌陌

另一个 15 秒短视频是陌陌。陌陌的想法是收集用户任意一段 15 秒的视频，拼出这个时代的青年群像，定位为 UGC 的心情记录。

57 秒的快手

快手短视频的时长是 57 秒。根据快手 CEO 宿华的说法，这个数字是根据人工智能系统对每天打开快手的用户的每一个行为进行判断归纳而来，而用户的每一个行为，都是一次测试，这是一个天文数字的测试。

10 秒的微信

2016 年底，微信小视频从原先的 6 秒升级成了 10 秒。而原先的 6 秒，也是在经过千万次测试又结合了视频大小之后综合考虑的结果。

4 分钟的今日头条

今日头条短视频的标准为 4 分钟。当然，这个数字也是今日头条在分析了国内一线短视频 PGC 的作品后得出的结论。今日头条认为 4 分钟是目前短视频最主流的时长，也是最适合播放的时长。

6 秒的 Vine

作为短视频的先驱，Vine 短视频的时长一直严格限定在 6 秒以内。他们认为，这样更易于进行社交分享。巅峰时期 Vine 拥有超过 4000 万的用户，可惜迅速陨落了。

60 秒的 Instagram

Instagram 上的短视频时长最初定为 15 秒。2016 年，Instagram 将短视频的时长延长至 60 秒。目前，Instagram 已经拥有超过 2000 万的用户，90% 的 Instagram 用户在 35 岁以下。

3～12 秒的 Yelp

Yelp 的主业并不是短视频，而是商户点评。用户在商铺进行消费时，可以使用 3～12 秒的动态视频来记录商铺的原貌，更好地为其他用户提供借鉴和参考。

1 分钟的 C Channel

日本的 C Channel 与中国的美拍类似，它的定位是 1 分钟学生活小技能的短视频平台，比如 1 分钟化妆，1 分钟收拾房子等等，目标人群是 30 岁以下的年轻女性，几乎所有内容都是为年轻女孩推出的"How To（如何做）"形式的短视频。

无论是 3 秒、57 秒还是 4 分钟，我们可以看到，这些平台的标准都不是凭空而来，都是经过无数次的测试和分析后得出的结论，并且与平台的定位和目标人群密切相关。比如陌陌的 15 秒，针对的是普通 UGC 创作者，只为记录心情；快手的 57 秒，针对的是"90 后"甚至"00 后"UGC 创作者，这是他们的语言表达习惯；而今日头条的 PGC，更多的是要完整描述一段故事，4 分钟或许更为合适；而 3 秒的视频能做什么呢？ Yelp 觉得以此作为消费者记录和点评商铺的时长已经足够。

作为短视频制作者，要针对各个平台的不同时长做出自己的调整，更好地适应平台，在各个平台上取得成功。

4.3.2　四分钟为最佳

2017 年 4 月 20 日，今日头条金秒奖第一季度颁奖典礼在北京竞园艺术中心举行，超过 300 位海内外最优秀的短视频创作者、MCN（multi-channel network）机构创始人、投资人共同见证了短视频史上第一座奖杯的诞生。在颁奖典礼上，今日头条副总裁赵添表示，57 秒的短视频应该被称作"小视频"，短视频新标准时长应该是 4 分钟。

这 4 分钟，是根据"金秒奖"的获奖作品来决定的。赵添称：

金秒奖第一季度，全部参赛作品平均时长 247 秒，获得百万以上播放量的视频平均时长为 238.4 秒。4 分钟，这是目前短视频最主流的时长，也是最适合播放的时长。

《新京报》在《短视频到底该多短？三大平台掀定义权争夺战》中提到，赵添说出4分钟的视频时长标准时，受邀坐在台下的视知TV创始人马昌博承认，自己在那一瞬间认可了行业标准这回事。2016年8月，马昌博离开一手创办的《壹读》，创办知识短视频视知TV。8个月后，视知TV旗下已经有6条产品线，每个月要生产80条短视频。他甚至有点喜欢平台给出的精准数字，"对于制作方来说，不管是57秒还是4分钟，能指导我们制作出不脱离大概范围的视频。"马昌博的"有点喜欢"，是很多短视频生产者的共同心态。在扎进创业浪潮后，内容生产者却在平台、用户和自我定义中迷失了。他们并不知道，真正的短视频应该有多短。1分钟、2至3分钟、4分钟，在视知TV里，这是常见的三种时长。协和大夫科普女用避孕方法，需要1分30秒；而用短视频讲清楚如何挑选一款合适的SUV则需要4分钟。马昌博说：

> 1分钟足以解释一个场景、一个误区、一个谣言、一个知识点，而4分钟更能系统、完整地呈现故事、道理、逻辑。

对于大多数短视频节目来说，输出内容和故事，4分钟当然是最佳选择。

4.3.3 保证内容完整

无论短视频多么短，观众关注的永远是内容，而对于内容最基本的要求就是完整。无论多么优秀的影视剧，如果没有给出一个相对合理的结局，都会饱受诟病。相反，平庸之作如果结构清晰、内容完整，也少不了拥趸。

所谓内容完整，就是在短时间内表达一个完整的主题，切忌戛然而止。当然，也有以系列短片的形式发布的短视频，为了保留悬念诱发观众兴趣而特意将内容设计得不完整。但是即便是做成系列短片，也要做到每一个短视频都能独立成篇。

混乱博物馆，英文名字叫作Chaos Museum，是一个有着160多万粉丝的微博自媒体博主，专注制作泛科普短视频。每隔几天会制作发布一段短视频，用生动又精良的视频科普冷门又专业的知识，从历史到生物，从音乐到数学，从神话到科学，让人啧啧称奇。混乱博物馆的每个短视频都聚焦一个事物，梳理出其中蕴含的科学知识，内容完整，制作精良。在视频的结尾，通常会留下一个与视频内容有关的问题，通过一句"但这又是另一个故事了"与另外的短视频进行衔接，既保留了悬念，又使得内容足够完整。

4.3.4 保证快速进入高潮

面对如今纷繁复杂的事物和互联网上爆炸式出现的信息，当代人很难保持精力高度集中，也就是说，人们越来越没有耐心了。如果没有持续而高度的刺激，我们很快就会对一个事物失去兴趣，然后寻找下一个刺激，循环往复，无始无终。正因为如此，短视频要想快速抓住观众的眼球，就要快速地给予他们足够强烈的感官刺激。有人说，短视频已经足够短了，我们要相信观众的耐心。事实上，如果内容、画面不够吸引人，观众是不会多停留一秒钟的。短就意味着每一帧画面的权重都增加了，短视频是真的做到了"一寸光阴一寸金"。

对于非剧情类的短视频，YH 萤火的《短视频内容策划怎么写？3 个方面引导你》中提到：短视频制作者应该在开头就介绍本期视频的目的，以起到快速引起用户兴趣的作用。为了保证用户能够持续看下去，还可以在开头设置一个悬念，并且在之后通过语言、行为等不断加深此悬念，使用户产生好奇心，从而始终保持观看的欲望。

而剧情类的短视频，则需要在故事的开篇就制造一个小高潮，牢牢抓住用户的眼球。为了避免叙事结构混乱，使剧情结构更加紧凑，需要在人物和故事这两大短视频内容主体上下功夫。在人物的塑造方面，在开篇就要快速介绍主要人物的具体情况，指出其在此刻所面临的困境，这个困境就是小高潮。在故事的塑造上，为了能够更加快速地进入高潮，对于故事的背景介绍，可以采取在后续发展中进行倒叙或者闪回的方法。在开篇处直接进入事件发展的最关键点，使观众欲罢不能，并且故事发展的节奏在开篇处也要尽量加快，从而调动起观众的情绪。这样人物和故事相互呼应，才能使观众迅速进入高潮。

比如短视频迷你剧《万万没想到》，在人物和故事的塑造方面就采用了这种套路。每一集开头的"我叫王大锤……"快速介绍人物，随后介绍故事背景，再通过倒叙或者闪回的方式，将观众带入一个又一个的高潮。这也是该剧获得大量粉丝，并成功转化为院线电影、票房大卖的重要原因。

最后再举一个简单的例子，朋友要给你看个美女，结果视频录了半天，全部是他去录美女的路上的场景，只有最后一个镜头给了美女。这样的短视频是无法成功的，在前面冗长乏味的等待中，大多数观众早就已经切换到下一个视频了。总之，保证快速进入高潮，才是一个优秀的短视频理应具备的特征。

05

第五章

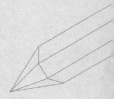

短视频拍摄注意事项

解决了短视频拍摄内容的细节规划，就要
直面短视频拍摄的技术问题。这包括选择
合适的拍摄器材、掌握必备的拍摄技巧和
解决拍摄中常见的图像和环境问题。

　　短视频当道,我们岂能满足于只做看客? 我们可以通过短视频记录生活、表达态度。当你有了创意构思后, 接下来就要着手正式的拍摄工作。在短视频的拍摄过程中有很多注意事项, 其中的每一点对于你拍摄的短视频作品都至关重要。自媒体时代, 想要在众多短视频作品中脱颖而出, 就要努力将自己打造成"千手观音", 既可以创意策划, 又懂得拍摄剪辑, 做一名复合型人才, 高水平地完成深受用户喜爱的作品。

　　这是一个内容消费的时代, 短视频更是其中的一股全民热潮。想要制作出一个优秀的短视频作品, 吸引受众的眼球, 既要有精准的定位、优秀的策划, 更要有专业的拍摄方法和技巧。为此, 本章特别列出了短视频拍摄的三大注意事项, 希望大家提高对这些事项的关注度, 形成一个良好的拍摄习惯, 保证目标用户群体能从中得到良好的观看体验。

5.1 选择合适的拍摄器材

　　子曰:"工欲善其事, 必先利其器。"在短视频拍摄之前, 必须选择合适的拍摄器材。目前市场上具有视频拍摄功能的产品有很多, 从个人使用的手机产品到数码单反相机, 应有尽有。器材选择一定要与你拍摄的内容相匹配, 方便高效。只有适合自己的器材, 使用起来才会得心应手。在器材性能上, 画质和音质是我们首先需要关注的重点，不同的器材其性能也是千差万别。想要拍出有大片感的短视频，首先要从拍摄前的器材准备开始，包括主要器材、辅助器材等。购买器材将会是一笔不小的前期投入，你必须有一个预算。当然，对于短视频拍摄而言，不需要像电影拍摄那样大制作，你只需要保证画质清晰，不模糊错位，声音清楚，没有嘈杂声即可。以下是几种拍摄短视频的常用器材。

5.1.1　手机——入门级拍摄

随着智能手机的普及，手机可以说是最常见也最方便快捷的拍摄器材。事实上，用手机拍摄视频很简单，你只需要把相机转换为摄像模式即可。手机具有便携性，方便分享，成像质量也有了不小的提升，有的手机甚至能拍摄 4K 的超高清视频。显然，作为入门级拍摄器材，手机是不少人拍摄短视频的最佳选择。尤其是随着很多手机视频软件平台功能日益完善，App 内视频拍摄入口开放，用户可以直接用手机摄像头拍摄精美的短视频，例如美拍、抖音、VUE 和一闪等手机软件，都开发了相应的拍摄功能，并且内置模版，集拍摄和发布于一体。用户可以利用手机自带的摄像头拍摄短视频。这些 App 的出现，大大降低了视频拍摄门槛，让很多新手也能快速学会拍摄。

美拍：美图公司出品的一款视频美化 App，推出后 9 个月内用户数突破 1 亿，快速爆红，成为受追捧的人像短视频社区。它将剪辑、滤镜、水印、音乐这几大要素融合成 MV 特效，把视频所有复杂的后期处理工作变成一键式的简单操作。瞄准用户对"美"的需求。美拍可以自动识别人脸进行美颜，并且提供多种 MV 特效模式，包括圆舞曲、小森林、蓝调等，非常适合拍摄人像视频。

VUE：一款媲美专业级视频制作的 App，可一秒钟打造具有质感的大片。其界面十分简洁，功能强大，可以帮助用户在手机上快速拍摄和剪辑出一段具有电影质感的优质短视频。它可以提供方形、超宽屏和标准宽屏等不同比例的画幅。宽屏画幅可以和电影画幅保持一致，把视频拍得更像大片。电影级的滤镜是 VUE 的另一个亮点。它内置了 10 款滤镜，可左右滑动选择并实时显示效果，包括"菊次郎的夏天""阳光灿烂的日子""挪威的森林"等，直接以电影主题命名，轻而易举打造电影蒙太奇效果。

一闪：一款移动端的视频播客拍摄及制作软件。与传统的视频剪辑应用不同的是，一闪深挖了 Vlog 的制作方式，凝聚了国内顶尖 Vlogger 的制作经验，从批量导入到精细切割，都显得极为方便。如果你觉得相机直接输出的画面颜色太过于平淡，没有美感，那么可以尝试一下一闪的胶片滤镜。其内置的滤镜设计的命名，没有晦涩难懂的辞藻，而是用诸如"新宿、涩谷、洛杉矶"这些城市的名字，非常适合喜欢文艺的人。

手机拍摄视频虽然便捷，却仍然存在一些问题。首先，手机摄像头没有专业相机镜头的光圈和景深，简单拍摄风景还行，如果需要在复杂场合拍摄虚实结合的画面则很难做到。其次，手机拍摄出的画面常出现抖动和不清晰，影响观看体验。虽然手机都有自带的防抖功能，但是效果都不太理想。因此手机拍摄短视频多需要用到辅助器材——云台稳定器。最后，手机拍摄的短视频素材占用内存较大，如果素材量很多，后期处理较为麻烦，手机常常出现卡顿等，不利于制作者高效完成短视频的制作。所以使用手机拍摄短视频，在开拍前最好先检查一下手机可用内存与电池性能。另外，手机没有变焦镜头，而任何的数码变焦功能都会降低图像的画质，所以需要找一个足够近的位置，丰富构图。

5.1.2 单反相机——专业设备拍出高水准

单反相机是目前市场上拍摄高水准短视频的常用器材，呈现出的画质远超手机。且随着技术的发展，单反相机的价格也不再高不可攀，同时单反相机的高像素以及专业的设置也为后期的修饰保留了巨大空间。高品质的相机带来高度清晰动人的效果，专业设备拍出高水准短视频。对于一些专业短视频拍摄者来说，单反相机是最理想的选择。

数字单反相机进行视频拍摄工作的原理其实和手机差不多，可以简单归纳为以下过程：光线通过镜头投射在相机的 COMS 感光元件上，将 COMS 上的光学信号转换为数字信号，相机将数字信号编码为高质量并易于存储的数字视频格式记录在内存卡上。

天涯社区中关于"单反相机的全称？它与普通相机在原理上最大的区别是什么？"的提问，总结出用数码单反相机拍摄短视频具有以下几个优点：第一，成像质量更高。数码相机的感光元件是最重要的核心部件之一，它直接关系到画质的效果。要想获得高质量的画面，最有效的办法其实不是提高像素数，而是加大COMS（感光元件）的尺寸。因此数码单反相机拥有出色的信噪比，可以记录宽广的亮度范围，与手机相比，更能拍摄出高品质、大片感的短视频。第二，单反相机拥有丰富的镜头群，能充分发挥不同焦段和特殊镜头的表现效果。佳能、尼康等品牌都拥有庞大的自动对焦镜头群，从超广角到超长焦，从微距到柔焦，用户可以根据自己的需求选择配套的镜头。第三，卓越的手控能力。在拍摄时由于环境、拍摄对象的情况千变万化，要求数码相机在具有自动调节功能的同时具有手动调节功能，让用户能根据不同的情况进行调节，以取得最佳的拍摄效果。而在众多手动功能中，曝光和白平衡是两个重要方面，往往需要用户根据经验进行判断，然后手动调节至最佳数值。

不管是佳能、索尼还是尼康，当前市面上的单反相机所拍摄的视频画质还是相当优质的。每种相机都有其自身的优缺点，选择时我们主要从性能、操控性、价格这几个方面来考虑。下面列举一些主流的视频单反相机供大家参考。

1. 佳能品牌

初级：600D、700D。价格 3000 元—5000 元。

中端：60D、70D、7D。价格 5000 元—8000 元。

高端：6D、5DMark3、1DX Mark2。价格 10000 元以上。

2. 索尼品牌

初级：α500、α550。价格 3000 元—5000 元。

中端：α700、α580。价格 5000 元—8000 元。

高端：α900。价格 10000 元以上。

3. 尼康品牌

初级：D3100、D5100。价格 3000 元—5000 元。

中端：D7100、D90。价格 5000 元—8000 元。

高端：D800、D5。价格 10000 元以上。

选择好机身后，接下来我们了解一下镜头的选择。每个品牌的单反相机都有其相对应的镜头群，而镜头在品牌间一般是不可以直接交叉使用的，需要加配转焦环。因此，你购买了什么品牌的机身，就要购买相应品牌的镜头。

镜头按照焦段分类一般可以分为广角镜头、标准镜头和长焦镜头。拍摄的场景不同，所选择的镜头焦段也需要进行相应的改变。对于绝大多数的拍摄，标准镜头足矣。而拍摄比较广阔的场景时就需要用到广角镜头，从而使画面涵盖更多内容；拍摄局部特写或者需要压缩背景时则需要用到长焦镜头。目前市面上镜头的种类十分齐全，具体的操作和应用还要根据拍摄主体和场景来决定。

（1）广角镜头：焦距短、视角大，能拍摄到较大面积的画面，比较典型的广角镜头如佳能 16-35mm。在视频拍摄过程中，使用广角镜头可以适当地增加画面的纵深感，涵盖更多的内容，让画面更丰富充实，信息量更大；但广角镜头画面中容易出现透视变形和畸变，巧妙运用这个特点可以拍出大长腿的感觉。另外我们使用的手机镜头一般等效于广角。

（2）标准镜头：和人眼睛的视角差不多，能拍摄到的画面比广角镜头小，比较典型的标准镜头如佳能 50mm。在视频拍摄过程中，使用标准镜头可以给人以纪实的画面效果，所拍摄的画面很自然，产生的透视效果也不会像广角镜头那么强。

（3）长焦镜头：焦距长，视角小，并且产生的畸变小，景深小，可以轻松实现虚化效果。比较典型的长焦镜头如佳能 70-200mm。在视频拍摄过程中，长焦镜头常用来压缩画面背景，突出主题，或用来拍摄画面特写。长焦镜头压缩场景，使各个对象之间的距离显得较小，尤其适用于拍摄动作画面，使演员显得更靠近现场。

5.1.3　麦克风——音质很重要

声音是短视频的重要组成部分，有时甚至会超过画面的重要性成为作品中不可替代的元素。声音可以强化人们的观看体验，补充画面信息。高品质的声音是优质短视频的助推器。而麦克风是将声音信号转化为电信号的器材。前期声音录不好，后期作品毁一半。因此，在视频拍摄过程中，收音设备——麦克风的选择十分重要。根据应用场景和预算的不同，有多种麦克风可供选择，下面我们一一讨论。

1. 内置麦克风

所有具有视频功能的单反相机都具有内置的麦克风，它们把声音作为视频文件的一部分直接录制。不管是手机还是数码相机，使用内置麦克风无疑是最方便快捷、最省钱的一种方式，只需要一台设备就可以同时获取画面和声音。但是，相机内置的麦克风收音范围广而没有指向性，对于观看视频的人来说，声音会有距离感。而且内置麦克风因为要隐藏于机身内，往往体积较小，音质不好，并且总会收取到相机的机械杂音，因此，如果想要获得完美的现场音质，一般需要辅助麦克风或者独立音频录制设备。

2. 小蜜蜂

小蜜蜂是一种无线麦克风收音设备的别称，分为发射器、接收器和领夹麦克风三部分。使用时需要将发射器和麦克风固定在音源处，接收器安装在单反机身上。它的体积较小，采用电容式麦克风，声音还原度高，效果比内置麦克风好。并且它采用专业音频压缩－扩展技术，噪音小，防啸叫，音质干净，动态范围大，有音量调节功能。小蜜蜂收音设备可以和机身相连，收录的声音会自动录入摄像机，后期不用耗费时间去对位声音和画面，更适合用于录制一些讲解类的短视频或纪录片。其缺点是在拍摄时必须佩戴麦克风和发射器，从画面看稍微有些影响美观。另外，小蜜蜂是需要安装电池的，一般可使用时长为 6 小时，在使用时需要及时更换电池（如图5-1所示）。

图5-1 发射器和接收器、领夹麦克风

3. 外置录音机

外置录音机是相对专业的录音设备，是收取优质现场音的最佳选择。其结构小巧，重量轻，灵敏度高，指向性强，收音距离远且清晰自然。它可以和相机分开使用，不受摄像机位置的约束。比如ZOOM H6就是一款典型的外置录音机设备。ZOOM H6有6路物理音轨，XY指向性麦克风可以收取到的立体声具有卓越的集中度和清晰度，如图5-2所示。外置麦克风可以给高清视频带来额外的真实感和深度。但外置录音机使用方法比较复杂，需要提前设置好声音的参数和音量。通常还需要团队的通力合作，把录音机和吊杆相连，配合使用。因为它收取的声音和画面是分开的，所以后期还需要分类进行整理和剪辑，音频和视频的同步是其难点。

图5-2 外置录音机

　　前期录音质量的高低是视频成功与否的关键。如果音频有问题，那么画面也会无法使用。我们在短视频拍摄收音时，不管使用什么设备来收音，都要尽量保证周围环境安静，无杂音、噪音。室外拍摄可以选择清晨或者傍晚，此时户外杂音较小；室内拍摄可以找一个隔音好的房间，最好是专业的录音棚，同时还要注意回声问题。使用内置麦克风可能会出现机器转动的机械噪音，这些声音在后期处理中很难分离和去除。因此，在人力财力充足的情况下，要尽量使用辅助麦克风设备，配合使用吊杆等辅助道具，使话筒靠近音源，以获取最真实立体的声音。而人物台词的后期配音，则是更为专业的领域。在短视频拍摄中，我们尽量不使用后期配音，因为很容易对不上口型，后期处理的工序也非常复杂，环境音效不自然。

5.2 掌握拍摄技巧

宋红 2005 年在清华大学出版社出版的《程序设计基础习题解析与实验指导》中指出："镜头语言就是用镜头像语言一样去表达我们的意思。我们通常可经由摄影机所拍摄出来的画面看出拍摄者的意图，因为可从拍摄的主题及画面的变化，去感受拍摄者透过镜头所要表达的内容。掌握拍摄技巧，就是学会如何更好地运用镜头语言去表达创作者的意思。镜头语言虽然和平常讲话的表达方式不同，但目的是一样的，只要用镜头清晰明确地表达你的意思，不管用何种方式，都可称为镜头语言。"镜头语言一般包括构图、光线景别和角度等。我们利用摄像机，通过这些镜头语言来拍摄一个短视频作品。不同于好莱坞大片，短视频重在创意和情感的表达，这给了非专业人士更多展示自我、表达自我的空间。拍视频就像写文章，而镜头语言就像是文章中的语法。灵活运用镜头语言，创作出更精美的作品吧！

5.2.1 改变构图，创造美感

构图即画面布局，就是构思、组织画面主体、陪体、前景、背景及留白各个成分的相互关系，以便组成思想、内容与表现形式统一的完美画面。

詹可军 2012 年出版的《全国计算机等级考试上机考试题库　三级网络技术》中指出："主体是画面表达的主要对象和主题思想，也是画面的构图中心。主体可以是人或物，也可以是个体或群体。例如，拍摄教师给学生上课的画面，教师、学生、黑板，都可以作画面的主体，而一旦确定了主体，其余的事物便成了陪体，主要取决于你想表达的重点。画面可以只有主体，不能没有主体。前景是主体前面或靠近镜头位置的人或物。前景一般安排在画面的上下左右边缘位置，有些具有季节特征或地方特征的花草树木等作前景，可以增加画面的信息量，烘托画面的主体。背景是主体后面的景物，用以强调主体环境，突出主体形象和丰富主体内涵。拍摄时常根据剧情选择一些富有地方特色与时代特征的背景，如天安门广场、上海外滩、沙漠、湖泊等，用来交代画面的时间、地点。留白是指画面看不出实体形象而趋于单一色调的部分，形成实体形象之间的空隙，起到均衡画面的作用，一般常用天空、地面作为留白。"

　　拍摄短视频，在某种意义上和拍摄照片有异曲同工之处，都需要将画面的主体放在合适的位置，使画面看上去更有冲击力和美感。我们需要做的就是按照构图原则，围绕主体进行构图，拍摄出具有艺术感的画面，给观众以美的享受。以下是几种拍摄短视频常用的构图方法。

1. 中心构图法

　　中心构图法就是将拍摄的主体放在画面的中心位置，这样的拍摄方式能很好地突出主体，让观众看到重点。中心构图法最大的优点就在于主体明确，画面左右两边很容易达到均衡，如图 5-3 所示。如果拍摄的主体只有一个，就可以采用中心构图法。这种拍摄方法非常简单，技术上要求也不多，拍摄短视频的新手也能很容易掌握。但要注意，采用中心构图法要尽量保证画面背景简洁，并且不能在视频中过多使用，否则会让视频显得单调乏味。

图 5-3　中心构图法

2. 三分线构图法

三分线构图法就是将画面从横向和纵向都平均分为三部分，将拍摄主体放在三分线的任一交叉位置进行构图取景。三分线构图法比较经典且简单易学，在短视频拍摄中运用也十分广泛。它有四个交点即趣味中心，采用这种构图方法，可以让画面不至于枯燥乏味，主体突出，画面紧凑，达到看似随意、实则灵动的效果，如图5-4所示。不管我们使用手机还是相机拍摄，大部分的设备都自带构图网格功能，建议在拍摄时开启，使用起来十分方便。

图5-4　三分线构图法

3. 黄金分割构图法

古希腊数学家毕达哥拉斯提出黄金分割定律。把一条线段分成两部分，使其中一部分与全长的比等于另一部分与这部分的比，比值为0.618，这种分割叫作黄金分割，因这种比例在造型上比较美观而得名。在视频拍摄中，黄金分割构图法不单单表现为某一条线段上的点，有时也表现为螺旋线，可以给观众带来神奇而美妙的视觉体验，如图5-5、图5-6所示。利用黄金分割构图法来拍摄短视频，会让你的作品看起来很高级，充满亮点，但是拍摄过程会稍显复杂。

图 5-5　黄金分割构图法（一）

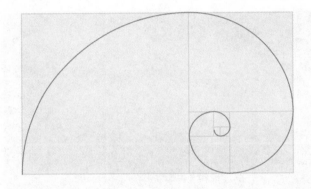

图 5-6　黄金分割构图法（二）

4. 框架式构图法

孙江宏先生在 2007 年发表的《案例教学法在机械设计教学中的应用》一文中指出：框架式构图指的是利用有形的景物或者抽象的光影处理给画面设置前景，可以有效地突出画面的主体元素。有形的景物一般会利用建筑、树木来作为前景；抽象的光影一般会利用相机在拍摄时的点测光来营造低调的画面氛围。框架式构图的好处在于利用了人们观察框内事物的本能，将主体影像包围起来，营造一种神秘气氛，就好像一个人从藏匿处偷偷窥视某个地方（如图 5-7 所示）。框架可以是圆形、方形或者不规则图形。这类构图通过照片的暗部到亮度的过渡，利用人们观察事物的本能意识，容易引起人们的好奇心。这种构图方式可以给人带来神秘感，同时也使得照片具有立体感、延伸感。理解框架构图的含义并不难，难就难在实际运用上，设置当作前景的框架并不容易。

图 5-7　框架式构图法

5.2.2　运用光线，营造氛围

任何拍摄都离不开光。拍摄短视频的光线主要有两种，其一是我们常见的自然光源，其二是人造光源。而其中的人造光源，常常应用于拍摄电影、电视剧中，对于短视频拍摄而言，太过于专业，并不实用，在此不详细阐述。本小节主要介绍自然光环境下的拍摄技巧。对于大多数的拍摄场景而言，拍摄时间最好选择清晨或者傍晚，因为这时候的太阳高度适中，光线最为柔和，拍摄出的画面最自然、温暖。

光线具有方向性和密集性。具有方向性的光线可以笼统地分为顺光、侧光、逆光和顶光这四种常见的类别；密集性则体现为硬光和软光两种类型。不同的光线可以营造出不同的氛围。合理利用光线，是拍摄短视频必须掌握的技巧，POCO 摄影社区上发布的《摄影必备的光线知识你不点进来看？》一文中提及几种拍摄须知的光线知识：

1. 顺光

顺光是指从被拍摄者正面照射而来的光线，光线投射方向和摄像机的方向一致。顺光是拍摄中最常用的光线，由于光线均匀散布在被拍摄对象上，处于顺光情况下拍出来的画面会比较平实。运用顺光是一种很平铺直叙的演绎方式，尤其是在软光的情况下，眼前所见的物体可以很真实地呈现出原本的色彩和细节。但是顺光下画面无阴影，明暗反差小，呈现出的画面立体感也就不足。顺光在硬光拍摄下还有一个不足，就是模特会因为光线太强而无法睁开双眼，影响人物美感。

2. 侧光

侧光是指光线的投射方向在摄像机的一侧，这种光线使主体一半明亮，一半处于阴影中。侧光包括左侧光、右侧光、前侧光和侧逆光。侧光可以使主体的明暗对比强烈，利于表现主体的质感和层次，加强空间感和立体感，且对色彩还原度没什么影响。侧光下拍摄人像，光线可以把人物五官尤其是鼻子和眼睛的轮廓清晰地描绘出来，使人物更加立体鲜明。侧光拍摄需要注意的地方就是左右两方光线明暗的差别，如果光线大部分是从一个方向照向主体，受光较少的一面暗部层次会受到损失，适合拍摄有力量的主题，例如男性肖像。反之，如果要突出女性的娇柔，这样的对比度就不合适。

3. 逆光

逆光的光线投射方向和摄影机的方向相反，被拍摄主体正好处于摄像机和光源之间，如图5-8所示。逆光拍摄时往往会出现一种眩光的效果，越多光进入镜头效果就越明显。这种光线能表现事物的整体轮廓造型，营造出剪影的艺术效果，是一种极具艺术魅力和表现力的光线。但需要注意的是，相比其他方向的光线，逆光拍出来的颜色反差相对较小，不会那么鲜明。被拍摄者的正面几乎受不到光线的照耀，从而容易使被拍摄者曝光不足，使正面细节损失，如图5-9所示。

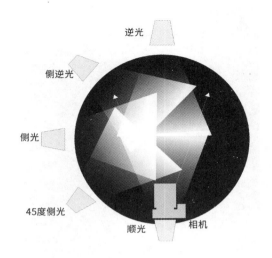

图 5-8　光线的运用

图 5-9　逆光拍摄示例

4. 顶光

顶光是指从被拍摄主体顶部照射下来的光线。顶光能使阴影位于主体下方，主体占用画面面积很少，几乎不会影响被拍摄主体的色彩和形状展现。酷暑中午时的阳光就是顶光，从头顶照射下来，光线很亮，能够完全展示出主体的细节，使画面更加明亮。它一般适用于拍摄风景，可以创作出色彩丰富和具有线条感的大片。但是由于光线过于强烈，顶光对拍摄人物肖像特别不合适，如图5-10所示。

图 5-10   顶光拍摄示例

了解光线，还要留意光线的色温。色温是表示光线中包含颜色成分的一个计量单位。当利用自然光拍摄时，要清楚身边环境光的色温可以带来怎样的气氛。所有光线都有特定的色温，阳光也会随着天气变化而改变色温。晴天黄昏的色温是偏暖的，给人温和的感觉；阴雨天傍晚的色温是偏冷的，给人寂静凄美的感觉。

5.2.3 选择景别，注意角度

在道客巴巴上上传的一节名为《电视摄像造型元素》的 PPT 中提到，景别是指由于摄影机与被拍摄主体的距离不同，而造成被拍摄主体在摄影机成像中所呈现出的范围大小的区别。景别一般可分为五种，由近至远分别为特写（指人体肩部以上）、近景（指人体胸部以上）、中景（指人体膝部以上）、全景（人体的全部和周围背景）和远景（被拍摄主体所处环境）。

特写主要用于表现细节，揭示人物心理，渲染情绪。顾小雨 2017 年在知乎上发布的《短视频怎么拍才能高大上？最专业的技巧都在这！》一文中指出，近景重在表现人物之间的情感交流，着重表现人物的面部表情，刻画人物性格。在

短视频拍摄中，由于近景主体占画面面积较大，比较适合快速表达内容，因此更能适应短视频内容传播，在对场景要求不高的视频中使用得较多。中景是表演性场面的常用景别，能为演员提供较大的活动空间，同时交代环境。全景用来表现场景的全貌或人物的全身动作，主题表现更明确，能更直观地体现主体人物之间的关系。比如"陈翔六点半"这种偏重于叙事的短视频内容较多运用全景。远景可使观众看到广阔深远的景象，以展示人物活动的空间背景或环境气氛。它在短视频中一般使用较少，常用于"一条""二更"等文艺风格明显、外景较多的内容中。例如，从景别上说，"二更"这类短视频类似纪录片，往往需要大量的远景、全景来交代环境，而在一些对主人公的采访环节，往往采用中景。只有在展示一些商品或物品时，才会用到一些较小的景别，诸如近景和特写。而故事类、人物类短视频，为了交代清楚剧情，展现整个故事的脉络，表达人与人、人与环境之间的关系，会采用大量视距较远的景别。比如"陈翔六点半"，由于是纯故事的叙述，这种大景别的使用会更多更频繁。只有在少数需要刻画人物内心的时候，才会用到近景和特写。

　　短视频的拍摄除了要注意景别以外，角度的选择也十分重要。角度按照方向分类一般可以分为正面、侧面和背面。正面拍摄是给观众初次见面的第一印象，其时间不宜过长。侧面是在短视频中最常见的角度，通常用于拍摄人物对话或者主要行动。背面拍摄比较少见，因为它带有强烈的隐喻，一般用于人物行走或者离开。角度还可以按照高度分为平视、仰视和俯视。平视是我们最常见的水平方向上的拍摄。因为这种高度与我们眼睛所看的高度相近，所以视点更能贴近观众。在拍摄人物时，仰视可以使人的身材显得修长。除此之外，仰视还是一种带有情感色彩的拍摄角度，其视点下的人物往往带有一种庄重肃穆的暗示，给观众崇敬景仰的感觉。俯视多用于展现环境气氛，介绍人物关系。俯视也是一种带有情感色彩的角度，可以用来表现人物的渺小和地位低。

　　在视频拍摄中，导演和摄影师一定要掌握拍摄的基本技巧，利用复杂多变的场面调度和镜头调度，交替地使用各种不同的景别，使影片剧情的叙述、人物思想感情的表达、人物关系的处理更具有表现力，从而增强影片的艺术感染力。

5.3 拍摄常见问题

对于初学者而言，刚刚上手拍摄短视频往往会遇到很多的问题。策划好了视频内容，准备好了拍摄器材却不知从何下手。我们不仅要关心拍什么，更重要的是要知道怎么拍。除了要掌握拍摄技巧，让画面给人以美的享受之外，还有很多注意事项值得我们去关注和探讨。本章我们将列举一些拍摄的常见问题，并一一给出解决的方法。这些问题看似都是一些小的细节，但是对于整个作品的完成和质量却至关重要。短视频的拍摄就是一个不断发现问题和解决问题的过程，大胆去尝试吧！在这个过程中熟能生巧，在实践中更好更快地提升自己的能力，从一个新生变成高手。

5.3.1 巧用工具，镜头稳定

在拍摄过程中，如果器材不稳定、晃来晃去，会导致拍摄出来的画面模糊，影响视频的质量，使观众产生晕眩感。所以，除非特殊需求，在拍摄时我们都应该保证镜头的稳定性。在实际拍摄中，由于自身的运动，如果仅仅依靠双手来支撑器材的话，很难保证不出现抖动。这个时候我们就需要借助拍摄辅助工具来避免画面晃动。

如果你的拍摄器材是手机，拍摄者可以使用手机稳定器。手机稳定器一般指手持云台。云台是安装和固定摄像机时起支撑作用的工具，多用在影视剧的拍摄中，分为固定和电动两种。手持云台将云台的自动稳定系统连接到手机上，能自动根据视频拍摄者的运动调整手机，使手机一直保持在平稳的状态。这在拍摄运动场景的镜头时十分好用，无论拍摄者是跑或者跳，手机拍摄出的画面都稳定流畅，不会出现大幅度的抖动。手持云台一般重量较轻，女性也能够驾驭，而且还具有视频追踪和蓝牙功能，即拍即传。但是，手机云台的价格一般较高，从几百到上千不等，且它是需要充电的设备，不能长时间使用（如图 5-11 所示）。

图 5-11　手持云台

　　当你使用数码相机拍摄短视频时，三脚架就是稳定工具的不二之选。三脚架因"三条腿"而得名，形成的三角形是公认的最稳固的形状。三脚架的功能十分强大，在拍摄中是必不可少的工具。首先，稳定性是它最大的优点。当长时间拍摄环境的空镜头时，如蓝天白云、高山流水，我们只需要把相机安装在三脚架上，调整机位固定，然后开启录制即可，可以完全解放你的双手。其次，三脚架还可以通过控制杆上下左右的平缓摇动，拍摄一些移动镜头。最后，三脚架的三条腿可以调节高度，满足一定空间内不同高度的拍摄需求，俯拍或者仰拍，角度任你选择（如图 5-12 所示）。

图 5-12　三脚架

5.3.2　准确对焦，主体清晰

对焦也叫对光、聚焦，它是指通过照相机对焦机构变动物距和相距的位置，使被拍主体成像清晰的过程。对焦方式分为手动对焦和自动对焦，不管是手机还是相机，都同时拥有这两种对焦方式。在拍摄的短视频中，除非特别安排的虚焦镜头，在绝大多数情况下，焦点准确、主体清晰是必不可少的，否则素材就不能使用，只能作废。

用手机拍摄短视频，自动对焦就能完全胜任。手机手动对焦的方式也十分简单，只需要在手机屏幕上轻轻地点触一下拍摄的主体，长按还能锁定焦点。因此我们不对手机的对焦模式过多赘述。

而使用相机拍摄短视频，虚焦是常常出现的问题。自动对焦可以使我们的拍摄更方便、快捷，但是偶尔会出现对焦失灵的情况。手动对焦需要拍摄者眼睛观察距离并且转动对焦环手动操作，虽然会耗费更多的时间，但是准确性更高，出现脱焦的可能性极小。物体越庞大，对焦越容易。反之，物体越小，对焦越难。所以对小面积物体进行对焦时，需要使用光圈来控制景深，使主体在这个景深范围内，从而保证主体的清晰。对于静止物体而言，因为空间上的固定，对焦相对便利，拍摄时可以使用自动对焦，只需要在拍摄前将镜头焦点对准物体并轻按快门。对于运动物体而言，由于其空间不固定，因此焦点的位置是随着物体运动而改变的。在这种情况下，一般使用手动对焦模式，根据物体的运动范围和速度，通过转动对焦环来跟踪物体的焦点。一般镜头上都会标注距离刻度，在正式拍摄前可以先让演员走位，确定需要设置哪些焦点，做好刻度作为参考。在正式拍摄中，把对焦环从刻度一点转到另一点，以此来跟踪焦点。这是一项非常需要经验的工作，在专业剧组中往往都会有跟焦员来专门完成这项工作。

除了对焦方式，选择对焦点也十分重要。拍摄人物时，对焦中心往往选择人物的眼睛、鼻梁等部位。因为眼睛和鼻梁处于人脸的中心位置，能保证周围整体的清晰。拍摄近处的物体时，则应该选择其中最细小的位置，比如纹理、光影的分界线来作为对焦点。拍摄花草等小的物体时，对焦点应该选择在花蕊。总之，对焦点往往是主体的中心位置。当然也有特殊情况，我们可以根据创作意图，在适当的场景中出现虚焦、脱焦，使画面更有艺术感。

5.3.3 夜景拍摄，控制噪点

夜景，顾名思义就是夜晚的景色。它运用在短视频中可以交代时间环境、增添氛围。灯火辉煌的建筑物、车水马龙的城市街道都是夜景的好素材。夜景由于光线较暗，会降低画质，其拍摄技术也比较复杂，我们面临最大的问题就是噪点。噪点是相机将光线作为接收信号并输出的过程中所产生的图像中的粗糙部分，也指图像中不该出现的外来像素。

在照明不足的情况下，明暗过渡的画面部分很容易出现噪点。潘静女士的《新闻标题的写作艺术》一文提及，当使用高感光度拍摄时，噪点就更明显。相机进行长时间曝光，图像也会出现热噪点。高感光度噪点可分为明度噪点和色彩噪点。明度噪点通常是图像中的灰阶杂质，令图像看起来不够细腻；而色彩噪点则是图像中纯色部分出现杂色，通常是洋红色或者绿色。当感光元件长时间运作时，其温度会上升，图像会于固定位置出现光点，即长时间曝光噪点，这种热噪点的出现位置是相同的，因此比较容易处理。

大部分中高端的数码相机都具有高感光度减噪功能和长时间曝光减噪功能。下面介绍几种手动控制噪点的方法。首先是利用人造光源，增加光照。在电影中我们看到的一些很暗的场景，在实际拍摄中是有很多灯来照明的。在拍摄短视频时，我们可以使用灯光设备来给主体补光。如果没有专业的灯光设备，也可以使用小型 LED 灯或者手机灯。总之，保证主体有充足的光照，可以减少噪点。其次是控制 ISO（感光度），使用大光圈。在没有足够环境光的情况下，可以通过提高 ISO 来获得准确曝光的效果。但 ISO 提升到一定数值后，画面的质量就会降低，所以在拍摄中不能无限制地提高 ISO 参数，而是要对它进行控制，在快门速度允许的情况下，尽量使用较低的 ISO。那么如何在保证曝光准确的情况下，获得更好的画质呢？我们可以通过使用大光圈来获得更多的进光量，并且将快门速度降低，将曝光时间延长。

06

第六章

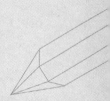

短视频创作之后期制作

经过系统的拍摄，我们获得了大量的剪辑
素材，此时，摆在短视频内容创作者面前
的任务就是如何对这些素材进行恰到好处
的剪辑，以及设计标题、封面、标签等方
面的形象包装。

后期制作在整个短视频制作中具有非常重要的地位，是决定短视频艺术生命的一个关键环节。它是与前期制作连为一体的一个模块，也是最终的一个模块。它可以解决前期制作中的不足和前期解决不了的问题。随着科技的发展，基于计算机的数字非线性编辑技术逐渐成熟。这种技术将素材记录到计算机中，利用计算机进行编辑。现在除了计算机的专业后期软件，有很多的手机应用软件都可以完成视频的后期处理，给短视频的创作者们带来了极大的便利。

视频前期素材拍摄完成后，接下来的工作流程就是素材整理、后期制作。一部优秀的作品一定要经过后期加工。因为前期拍摄的素材并不一定都是有用的，有很多重复或者无法使用的镜头需要剔除。后期剪辑就是将素材中多余的剪掉，有用的镜头保留下来，形成的作品是精挑细选之后最好的。当然，后期制作除了剪辑还有配乐、加字幕和滤镜等一系列工作。只有每一项工作细节都做到位了，制作出来的作品才是优质的。

6.1 后期剪辑，恰到好处

短视频最终效果的呈现和镜头的运用是分不开的。单个镜头虽然有一定的含义，但是要按照剧情的发展，将其有机地、自然流畅地组接起来，才能成为一部完整的作品，于是便形成了一整套的镜头组接方式。然而，摄像与摄影不同，一个镜头画面可以不完整，但一组镜头画面要有完整的构思与总体设计。由于镜头运动与机位变化，画面成分会发生相应变化，因此后期剪辑时要恰到好处地运用不同成分的画面。

6.1.1 剪辑要自然流畅

知乎上的《五句话告诉你如何做好剪辑》中说，各种镜头被巧妙组接之前，只是一些零碎的片段，是剪辑师用艺术和技术的巧妙融合使之具有叙事传情的生命力，而创作者的思维才情和美学追求渗透其间。短视频主要是用视觉语言来表现，想要制作出一部高质量的作品，剪辑就必须自然流畅，没有跳跃感，所以画面的处理和镜头的组接就显得尤为重要。

全域影视传媒发布的《宣传片制作注意事项》一文中也提及，镜头的运用是剪辑师在剪辑过程中最基本的技巧，想要达到转换自然的效果，就要求在剪辑的过程中遵循一定的逻辑和原则，其画面必须符合观众的思维方式。除非是结尾处想给观众制造悬念，一般短视频如果让观众觉得逻辑不通就会导致对其评价很低。此外，在剪辑过程中不是简单的掐头去尾的连接，而应该是在符合生活逻辑和叙事规律的前提下，进行精心设计，并与画面匹配。画面匹配就是时间上的连贯和空间上的统一。镜头中出现的人和物应当上下统一，不穿帮，以保持观众在观看时的一致感，这样才不会有出戏的感觉。

镜头间的连接一般可以分为以下两种：一种是有技巧的连接，一种是无技巧的连接。有技巧的连接，如淡入淡出、叠化、定格、翻转、闪回等转场特效，可以使镜头的过渡多样化。但是转场特效不能滥用，一般只用于特殊的情节，比如开头结尾可以使用淡入淡出，做梦、回忆可以使用闪回等。在剪辑时一般使用无技巧的连接即可。如果滥用转场特效，会打断视觉思维，扰乱故事节奏，会得不偿失。

短视频的剪辑除了要自然流畅，还要突出核心和重点。一个短视频的核心就是想要表达的主题以及想让观众看到的东西。主题在撰写脚本的时候就已经确定了下来，所有前期视频的拍摄都围绕这个核心。而观众看到的东西是视频核心的外部表现，其取决于后期制作的水平高低。剪辑就是用画面来塑造整个故事，每一个镜头运用的目的是帮助观众理解这个故事。所以剪辑师必须对整个视频要表达的核心思想有一定的了解，采用适当的剪辑手法，抓住故事的重点进行剪辑，让观众一目了然。

以 papi 酱 2018 年 11月 5 日发表的短视频《双十一是一场战争，赢了没钱，输了没脸！》为例，在该视频中，papi 酱一人分饰三

扫码观看
《双十一是一场战争，赢了没钱，输了没脸！》

角，虽然装扮、言行各有不同，但是三个角色前后贯穿，保持一致，并且主角和群演间的互动剪辑连贯，不拖沓，所以不会给人跳戏和突兀的感觉，反而更有带入感。另外，在剧情上是奶奶给孙女讲述当年的故事，因此在回忆部分用了闪回的转场特效，其余部分全是无技巧连接。最后，整个短视频是由过去和现在两条时间线交织剪辑而成的，整个故事的核心围绕"双十一大战"展开，由孙女的提问引出故事，层层递进，形成一个完整的故事短视频。

总之，短视频剪辑是集技术性、技巧性和艺术性于一体的创作过程。剪辑人员应不断加强剪辑思维的培养，提高艺术审美能力和剪辑技巧，才能创作出结构严谨、节奏流畅、重点突出、主题鲜明的短视频作品。

6.1.2 声音要贴合画面

声音能调动人的听觉器官，使观众更好地理解画面内容，同时也丰富视频的表达形式。声音可以分为人声、音响和音乐。人声就是对白、独白和旁白。音响就是音效，指在短视频中所出现的自然界的声音，比如脚步声、喝水声、敲门声等都是音响。音乐是歌曲或者纯音乐，多用来渲染环境气氛。在短视频中，人声和音响一般是在前期拍摄中就同步录制好的声音，而音乐是后期制作时添加上去的背景声音。人声和音响的前期录制要求保证音质高清，没有杂音，在前一章已有叙述。在此重点讲述后期背景音乐的制作。

背景音乐的添加可以使画面更具有艺术感染力，调动观众的情绪，与画面

产生情感共鸣。但是背景音乐不能随意添加，要根据视频的主题和创作者想表达的思想感情来选择音乐。对于一个短视频而言，不同的气氛需要不同的音乐，但最好不要使用超过两种的背景音乐。在短视频剧情逐渐走向高潮的时候，可以选用高昂激扬的背景音乐；如果是悬疑类的短视频，可以选用充满悬念和紧张感的音乐；对于"一条""二更"这类生活化的短视频，配乐一般都以小清新为主；而情感类短视频往往使用比较抒情的音乐……以情感类短视频"三感故事"为例，它着力打造小而美的情感故事，在内容、主题上聚焦年轻人的感情状态，用"回忆杀"切入痛点，赚足观众的眼泪。此类短视频较多选用轻音乐或者耳熟能详的情歌。比如用《终于等到你》述说了一对情侣经过七年爱情长跑终于修成正果的故事；用《漂洋过海来看你》讲述了一对异地恋的故事；用《从前慢》展现了一对金婚夫妻的故事……剧情和音乐互相搭配，层层递进，达到了完美的呈现效果。

当你找到一个适合的背景音乐时，也不是立刻就可以投入使用，因为原音乐的时间长度和段落起伏很可能与你的视频素材不完全符合。这时我们就需要对音乐进行剪辑处理，使之与视频相匹配。此外，音乐往往是张弛有度的，节奏快的地方适用于镜头的快速切换和运动镜头；节奏慢的地方则多用于长镜头和固定镜头。视频画面与背景音乐的节奏相吻合，可以让画面更有层次感。

6.1.3 字幕要通俗易懂

按照百度百科解释，字幕指以文字形式显示电影、电视、舞台作品中的对话等非影像内容，也泛指影视作品后期加工的文字。在电影银幕或电视机荧光屏下方出现的解说文字以及种种文字，如影片的片名、演职员表、唱词、对白、说明词以及人物介绍、年代、地名等，都可以称为字幕。

在短视频的后期制作中，字幕的处理是一个不可或缺的环节。一方面，字幕是对视频画面的补充，可以明确显示出画面无法表达的内容，比如故事发生的时间、地点以及出场人物的身份等；另一方面，有些听力不好的观众可以通过字幕了解影片的内容。因此，字幕最基本的要求就是准确，与画面一致，为观众的观看带来辅助作用。除此之外，优秀的字幕必须遵循以下四点要求。

第一是准确性。视频中的字幕不能出现错别字等低级错误，外语视频的翻译要准确。

第二是一致性。音频的完整陈述，包括说话者识别以及非谈话内容，均需按制作者的要求用字幕清晰呈现。字幕要和画面同步，字幕的形式要与画面陈述的内容一致，否则就会让观众难以理解。

第三是可读性。字幕出现的时长要足够观众阅读，字体大小要适中，并且句子不能过长。一般是一句话一段字幕，如果句子过长则需要分段来展示。字幕的摆放位置不能遮盖画面的有效内容。

第四是同等性。字幕应当完整传达视频素材的内容和意图，二者表达的意思同等。

以"一条"的短视频《全世界最不孤独的图书馆》为例，该片通篇以日本建筑师伊东丰雄的口述作为旁白，介绍了位于日本岐阜市媒体中心的图书馆。它的字幕是由日语翻译而来，意思准确，措辞优美。同时，字幕与画面的契合度很高。当它在介绍穹顶、书本、书桌等不同物体时，视频画面就显示出相应的内容。该视频还给字幕增加了黑色的底边，黑底白字，使字幕更加清晰显眼。

扫码观看
《全世界最不
孤独的图书馆》

除了上述"一条"中出现的这类常规字幕，有的短视频为了增加可看性，增强娱乐性，还设计出了花边字幕。花边字幕可以用来强调某句话，制造话题，替观众吐槽等，拉近与观众的距离。有时在恰当的位置上放置花字，不仅可以起到锦上添花的作用，更可以画龙点睛。比如准确把握每个槽点的细节，寻找新鲜的"梗"。但是花边字幕不宜过多使用，在关键语句或情节点出现即可。当然，选

择常规字幕还是花边字幕是由你的视频风格决定的。文艺小清新的短视频就用常

规字幕，搞笑吐槽类的短视频可以适当使用花边字幕（如图 6-1 所示）。

图 6-1　花边字幕

6.2 拟好标题，诱发点击

对于任何一个短视频作品，标题就是点睛之笔。在平台上，所有内容都会展示在一个屏幕中，好的标题能够使你脱颖而出，一下抓住观众的眼球，提高内容的点击量。在一堆内容中，如果你的标题足够吸引人，那么你就已经比别人领先一步。在《超越门户：搜狐新媒体操作手册》一书中，"只做好标题，不搞标题党"就被定义为互联网编辑的重点技能之一。好的标题能够吸引用户点击，或是命中机器的推荐逻辑，从而促进短视频的传播；而不好的标题没有吸引力，可能将你的优质内容埋没。本章将为读者提供五种拟标题的方法，帮助你取一个好标题，获得更多点击。

6.2.1 内容表述真实——拒绝标题党

事实上，不管是写文章还是制作短视频，好标题的三个原则是不变的。第一点就是真实，标题能够真实准确地表达出内容的核心或爆点。第二是简洁，标题能用一个字表达清楚的，不要用两个字。第三是精彩，掌握拟标题的技巧，标题有亮点，让人过目不忘。随着自媒体数量的暴增，"不转不是中国人""不看就删了"等标题党更是泛滥。这种骗取点击率的标题已经引发越来越多人的反感。所谓标题党，是指不能准确表述内容而是靠无中生有、夸大其词、偷换概念等手段，骗取用户点击的标题。例如《老婆不小心把银戒指掉进了牛奶里，不可思议的事情发生了！》，其实是讲过期牛奶的用途；《男孩好奇探地洞，里面的一幕让他终生难忘》，其实内容是讲一只狗掉进了洞里。这些标题党有一定的共性，现在很多平台正在利用算法打击标题党，通过大批积累案例不断改进模型，创造标题党的分类器，从而降低这类标题的曝光量。标题党是不可取的，想要真正做好短视频内容，标题表述清晰真实是首要条件。比如以下两个短视频标题，《每天喝点它，白发变黑发，人也变年轻了》和《吃猕猴桃的两大禁忌，爱吃猕猴桃的人一定要注意》。前者标题意味不明，让观众摸不着头脑，而后者明确指出"猕猴桃"

这一食物，受众清晰明确，为爱吃猕猴桃的人，因此点击率更高。

6.2.2 提炼关键词——提高搜索效率

一个好的标题中必须有关键词。平台会根据用户搜索的关键词给出列表，如果你的标题中有关键词就可以将你的视频内容推荐给用户。关键词一方面是由短视频的主题提炼出来的，另一方面也是根据目标用户的搜索习惯总结而来的。将关键词放在标题中，目标用户在使用搜索引擎进行习惯性搜索的时候，短视频更容易被注意到，从而大大增加短视频的曝光率。精准的关键词也更利于被搜索引擎抓取。搜索引擎内部对关键词有其专业的算法，短视频制作者可以统计相关关键词的搜索结果，从而找到能带来最高曝光率的关键词。例如在某同一起新闻事件中，有这样两个标题的描述：《浦东机场乘客往飞机发动机扔硬币，航班延误，共发现9枚硬币》和《80岁老太为祈福往飞机发动机扔9枚硬币》。很明显第二个标题中"80岁老太"这个关键词是该新闻短视频的劲爆点，将它放在标题中可以提高标题的辨识度，帮助用户"划重点"。还有一种善用关键词的方法，就是使用新流量热词。可以参考微博热搜和百度指数，在标题中选择流量高的新词汇，俗称"蹭流量"。比如 iPhone 发布新产品，科技博主就可以做一期产品测评短视频；圣诞节快到了，美妆博主可以出圣诞妆容教程短视频等等，紧跟时事流量热点，并且在标题中表现出来，可以提升用户搜索时点开你的短视频的概率。

6.2.3 发挥数字的力量——阿拉伯数字最直接

拟标题的一个重要技巧就是注重数字的运用，发挥数字的力量。可以利用数字的悬殊对比，凸显事件的重要性，制造用户的心理落差，吸引用户点击。同时部分平台制定分发逻辑时，会用一些数字做限制。如重大事故死伤人数不同会带来不同的分发级别。而在拟标题时，标题中所有的数字都要使用阿拉伯数字，因为它是最为直观真实的表达。比如，一个健身减肥类短视频，如果取名"十组最适合减肥的运动"就远远没有"1 个月减掉 10 斤，她是这样做的"来得吸引人。减肥的目的就是想要减掉体重，在标题中用具体的阿拉伯数字表现出来最为直观显眼，更容易吸引目标群体点击进来观看。再例如《神走位！幸运女子2秒跳车成功躲过死神》这个新闻短视频标题，突出了视频内容，用2秒紧紧吸引了观众点击观看，并且在视频14秒的时间点展现重要跳车情节，延长用户观看视频的时间，增加短视频的完播率。再看以下两个标题的对比：《3种剥出完整皮皮虾的方法，最后一个只需5秒！》与《夏天剥皮皮虾扎手？这三种快速方法可以帮到你》。第一个标题的"3"很明显比"三"更加显眼，并且可以引导用户看到最后一种方法，无形之中提高了视频的播放完成率。播放完成率在推荐平台上是一个很重要的提高推荐度的指标。

6.2.4 增加代入感——把用户当成"自己人"

对于一个短视频而言，标题是观众印象最深刻的部分，可以说标题是一个短视频的点睛之笔。短视频制作者想要通过标题来吸引观众，就要把用户当成"自己人"，在其中体现用户的需求，精准地戳中用户的"痛点"。不管你是美食类、生活类，还是娱乐搞笑类，每一条短视频都是为了解决用户的一个问题。根据你的短视频策划主题，可以去百度、今日头条等搜索主题词，显示出来的长尾词都是用户搜索的热门关联词汇。把这些热门关联词活用在你的标题中，就能获得更多的点击。比如高温天气策划一个关于降温的短视频，在百度中搜索降温得到的反馈是用户关心小朋友发烧如何降温以及手机降温。那么就可以在标题中直接把"手机降温"体现出来。把用户当成"自己人"还有一个作用在于让用户找到情感的共鸣点，让大家感同身受。最典型的例子就是papi酱。以papi酱策划的短视频《甲方乙方》《办公室斗争》《我妈，一个挑剔的女人》等为例，这种吐槽类的短视频内容，可以代替一类人发声，说出他们心中所想，所以能引起共鸣。而心灵鸡汤故事类的短视频可以勾起观众相同或者类似人生经历的回忆。再比如《中国人最爱喝的8种啤酒。你最爱喝哪种？》，在这个标题中的"你"其实就是看视频的"我"，可以给用户一种对话感，而且疑问句型也能引起观众评论转发的欲望。

6.2.5 注意营造悬念——利用用户好奇心

在为短视频拟标题时，还可以营造一点悬念感，利用用户的好奇心引起其观看的欲望。最简单的方法就是将你的标题适当地改成疑问句。短视频标题的惯用句式包括陈述句、感叹句和疑问句。每种句式各有特色，其中陈述句表达最完整，应用也最为普遍，但相对不容易出彩。感叹句有利于表达态度和观点，但使用要避免流于形式，"震惊！""美炸了！"等只能抒发你的个人情绪，放在标题中却略显无聊。而疑问句最能够激起用户强烈的好奇心，引导效果往往要比前两者好。比如，你的短视频内容是关于iPhone手机的小技巧，拟标题时就可以写成"iPhone手机的3个使用小技巧，你的手机可以吗？"。这样用户就会产生疑问，想看看自己的手机是否具有该功能。不仅仅是iPhone用户，安卓用户也会点进来看，以此来获得更多的点击量。另外一种制造悬念的方法就是用标题讲故事。故事是老少皆宜的消遣品，用标题讲故事是提升短视频吸引力和感染力的需要，更是创造传播力和引导力的关键。在标题中，要尽量讲好故事，制造悬念，激发用户的阅读欲望。以"陈翔六点半"的短视频《当神算子遇上缺心眼子》为例，观众看到这个标题时就会自然而然地产生疑问："发生了什么事？"并会自觉地"脑补"短视频的前因后果。可见，高点击率的短视频标题字数并不一定要多，而会讲故事的标题会引人无限遐想。

6.3　选好封面，贴好标签

短视频的封面就是给观众的第一眼印象，它的好坏直接影响视频的推荐量和播放量。封面的形式多种多样，包括视频内容直接截图、模板化的定制封面、纯文字类封面、表情包封面等，每一种类型的封面适用于不同的场景，主要根据短视频的风格来决定。但是作为封面，它的主要任务就是展示视频内容的核心画面，应该将最精彩的内容和剧情冲突点表现出来。而给短视频贴标签是在短视频制作完成后，上传时的一个必要步骤。好的标签可以使短视频命中算法推荐逻辑，直达粉丝用户群体，加大推荐曝光量。相反，如果短视频制作精良，却没有好的标签助力，那么就不容易得到曝光，好的内容也会被埋没。

6.3.1　结合内容，直观明了

一个好的封面最基本的要求就是要与短视频的内容和标题相契合，直观明了地展现内容的主题或特点。封面如果以人物为主，就突出人物的表情和情绪；如果以具体的事物为主，如美食、科技产品等，就突出物体的外貌特征。简洁明了的封面能加快审核通过的速度，也有助于更好地展示内容的核心价值，观众看到封面一目了然，对有兴趣的内容自然会点击观看。比如"大连老湿王博文"和"无聊的开箱"两个短视频博主的封面，前者每次的封面都是彰显人物性格特点的视频截图，表情丰富，装扮奇特；后者就是将每期短视频的测评产品作为封面。一个优秀的封面能够增强内容的辨识度，使视频快速通过审核并且获得更高的推荐量，引起用户的观看欲望；而一个糟糕的封面

扫码观看

《这就是东北的洗浴文化，南方人惊呼：原来可以这样洗澡？》

扫码观看

《无聊的开箱　我们又来放鸽子了》

会严重影响观看体验，对浏览量是致命的打击。

6.3.2 画质清晰，尺寸合理

封面的画质一定要清晰，不要出现花屏、黑屏和模糊等现象。图片的最佳分辨率是 1920×1080 像素，长宽比例一般为 4∶3，大小不低于 50kB。清晰高质的封面能提供更全面的信息，给人以美感，让用户有顺畅的观看体验，增加点击浏览的概率。此外，封面要长宽比例合理，4∶3 的长宽比例能包含更多更完整的信息；不要出现内容不全和画面变形等情况。裁剪不合理的封面会造成用户理解困难。封面的色调要统一，避免"花里胡哨"的色彩搭配。在构图方面，多使用对称构图或中心构图。比如"二更"短视频的常用封面，其画风都比较清新，色彩淡雅，与"二更"整体的气质风格十分符合。

扫码观看

《更上海 白竹之林，难取一支》

扫码观看

《辽宁超级火爆小卷饼，一天至少卖出 4000 个，回头客踏破门槛》

6.3.3 封面文字，相辅相成

封面可以有文字，但要言简意赅，不与标题重复，作为补充信息帮助用户理解视频的看点，字数不超过 10 个字。封面文字也可以有统一的模版，创造出个人独有的风格，强化 IP 标签。比如 papi 酱的封面模版就是人物照片加粉色字。观众看到这样的封面就会联想到她，这已经形成了她专属的视觉元素。我们可以用这种统一的风格，重复加深粉丝对账号的印象，让观众在潜移默化中产生认同感，打造封面的独特形象。但是封面最好不要添加水印，更不能出现血腥暴力、低俗色情的信息。现在，包含推广信息和违法信息的封面是各个平台打击的对象，在封面出现这些内容审核不会通过。

扫码观看
《甲方乙方》

扫码观看
《我爱世界杯》

6.3.4 如何贴好标签

贴标签是为了找到短视频的核心受众，从而获得大量的点击。掌握贴标签的规范和技巧，才能被算法机器选中，获得推荐，使内容触达核心用户。

第一，标签的个数以 3～6 个为最佳，每个标签的字数在 2～4 个字之间。太少的标签不利于平台的推送和分发；而太多的标签又会失去重点，错过核心粉丝群体。例如一个智能产品测评类的短视频标签可以包括"京东""智能音响""AI""实物测评"等。从产品的来源、分类、属性到视频的主题，都是标签可以涵盖的内容。

第二，标签的内容一定要切合视频的内容，做到核心要点精准化。标签不只是简单地给视频分类，而是代表着不同的粉丝群体。在平台上，标签意味着符合该关键词画像的用户群体，意味着用户的点击率，无关紧要的标签是不可取的。比如发布美食类短视频，那么合适的标签必然要属于美食这一范畴，可以选择"美味食谱""蛋糕""食疗""川菜"等等。标签不可含糊不清，一定要切中重点。

第三，标签要跟牢热点热词。热点事件代表着万千网民的关注，在标签中加入热点热词，可以加大视频的曝光率，从而获得更多的浏览量。比如每年的国庆节、情人节、圣诞节等特定节日，其主题在特殊时期一定会成为热搜内容，那么我们可以在短视频中打上"我爱我的国""情侣约会""圣诞老人"等标签，乘着节日的东风，为自己的短视频起到更好的宣传扩散作用。

07
第七章

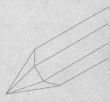

短视频创作之视频发布

剪辑包装好的短视频，要准确地推送到目
标用户面前，就需要准确选择短视频发布
平台，深入了解不同平台之间的推荐机制，
以及对已发布短视频的后台数据进行采集、
分析，并调整运营策略。

　　"互联网＋"时代，各种新媒体平台将内容创业引向高潮。而短视频作为内容创业的又一个风口，一个个拥有大量粉丝的短视频账号由此诞生。再加上移动社交平台的发展，这些大Ｖ账号依托平台"涨粉"的同时也给平台带来了巨大的流量，为短视频新媒体运营创造了全新的粉丝经济模式。对于内容创作者而言，想要获利，就要拥有数量众多和高质量的粉丝。没有粉丝就没有流量，平台账号就没有价值。因此在内容传播发布时，创作者要以内容为核心，以粉丝为目标，进行多元化营销，凝聚粉丝，高效引流。

　　短视频制作完成后，下一步就要进行发布。目前短视频正在逐渐连接多元场景，打破线上线下边界，承接更多资源。其在多领域交叉渗透，正在成为一种新的互联网生活方式。短视频发布平台是内容创作者的运营工具。在如今的"泛媒体"时代，我们不需要支付高昂的费用在电视、报刊上登出广告，只需要结合各大短视频发布平台，了解每个平台的特点，掌握其推荐机制，进行多元化的运营，就能让短视频内容获得快速的传播和巨大的影响力。

7.1　选择合适的发布平台

　　随着短视频在互联网上的热度日益高涨，如今有越来越多的新媒体营销公司看到了其中的巨大利益，纷纷推出了各自的短视频发布平台。这些平台各有千秋，侧重点也各有不同。因此，想要让自己的短视频获得成功，在发布这一阶段，平台的选择非常重要。一个合适的平台可以令短视频在最短的时间内获得高浏览量，从而吸引粉丝关注，获得知名度。作为一个短视频内容的创作者，如何从这些平台中挑选一个最适合自己的渠道是必修的功课。

7.1.1 分析各大平台特点

目前市面上短视频平台有很多，每个平台都有其自身的特点和核心用户群。各大平台在品牌塑造、产品升级和商业化等方面的探索开始更进一步。作为短视频创作者，在短视频发布前应该对市面上的各大短视频平台进行调查研究，分析其核心用户群特点，然后选择与自己目标用户一致的平台进行投放。

《2020 中国网络视听发展研究报告》显示，从市场规模来看，2019 年网络视听产业的市场规模为 4541.3 亿元，其中短视频占比 1302.4 亿元，同比增长178.8%，增速最快；综合视频占比 1023.4 亿元，同比增长 15.2%，长势良好；从用户规模上来看，截至 2020 年 6 月短视频用户规模达 8.18 亿，近九成用户使用短视频，短视频成了仅次于即时通讯的第二大网络应用，逐渐成为互联网的底层应用，综合视频用户规模也已达 7.24 亿，网络视频业发展喜人。短视频平台以抖音短视频和快手组成的第一梯队，两强格局持续强化，以西瓜视频、抖音火山版、好看视频、微视组成的第二梯队和爱奇艺随刻、波波视频、快手极速版、刷宝、土豆视频、全民小视频、抖音极速版组成的第三梯队竞争激烈。

第一梯队短视频平台竞争十分激烈。快手的定位是记录和分享生活，内容特点是猎奇、搞怪和趣味。视频时长在 1 分钟左右，主流竖屏。短视频作品没有标签分组、自由度高，但是质量难以保证。用户群体以 24 岁以下年轻女性用户为主，三四线城市渗透率高，大多喜欢接地气、社交性更强的短视频，内容创作者以普通人为主，强调内容的普适性，内容更加真实、多元，容易引起用户共鸣。近年来，快手正不遗余力地强化"记录世界记录你"的品牌主张，在用户数、日活用户量、流量等指标上表现优异。抖音专注于年轻人的 15 秒音乐短视频社区，内容特点是有趣、超酷和年轻。其短视频作品以音乐为中心进行划分，有流行、欧美、国风、激萌、二次元、说唱等等，更突出音乐特色、重视用户喜好，强调以内容生产者为中心的粉丝关系，内容更加新潮、个性。它的用户群体为 24 岁以下年轻女性，一二线城市渗透率高。火山小视频定位于 15 秒原创生活小视频社区，内容特点是生活化和八卦猎奇。其短视频作品涉猎范围较广，但大部分是关于吃播、段子、技巧或者广场舞的内容。它的用户群体为 30 岁左右的三四线城市用户，鼓励农村用户。西瓜视频的定位是个性化推荐的短视频平台。它是今日头条的视频版，是头条号作者的一个创作平台，内容大而全，有新农村板块、部分卫视的精彩剧集和综艺热门片段等，其目标用户以"80 后"到"95 后"为主。第三梯队中，爱奇艺随刻表现亮眼。随刻 App 上线于 2020 年 4 月，爱奇艺创始人、CEO 龚宇博士用海量视频、创作分享、社区互动三个关键词来形容随刻。随刻站内既有影视、综艺、动漫等爱奇艺自制及拥有版权的长视频内容，也有创作者分享的精彩短视频内容，覆盖了娱乐、明星、开箱、游戏、搞笑、知识等众多垂直类。上线后一个月，爱奇艺随刻就与《青春有你 2》发起全方位联动，在节目播出期间，双方共同发起的短视频再创作，婧彩倒带、《青春快递》开箱、随刻精彩推荐官等活动成功掀起平台社区互动热潮，释放出长短视频联动的协同价值。百度百科相关数据显示，在《青春有你 2》播出的 80 天内，爱奇艺随刻共吸引超 1.5 万创作者加入节目相关短视频再创作中，产生超 7 万条优质短视频内容，相当于平均每 98 秒就有 1 条《青春有你 2》相关短视频产生。通过与《青春有你 2》的深度联动，爱奇艺随刻在社区互动、优质 PUGC（professional user generated content，即"专业用户生产内容"或"专家生产内容"）内容建设、创作者激励等方面均取得了显著效果，形成了"优质 IP 带动创作者生产内容—用户观看讨论—高频互动激励创作者再生产—平台社区氛围反哺 IP 热度"的价值链路，将"以长带短""以短带长"正向协同优势充分释放出来。

　　除了以上提及的独立短视频平台，还有综合平台。独立短视频平台专注于短视频内容，功能比较单一，社交属性较弱，其用户群体类型固定。对于短视频创作者而言，选取一个目标平台为主要发布平台即可。而综合平台除了短视频外还具有多种强大功能，社交属性更加明显。其用户群体数量庞大，很难把握目标用户。例如微博就是最为知名的综合平台。微博用户鱼龙混杂，信息传播速度快，一旦短视频获得认可，通过转载将获得巨大的曝光量，快速积累人气。在微博上诞生了许多知名的短视频网红，如"papi酱""一条""同道大叔"等。

对于短视频创作者而言，应该分析各大平台的特点，权衡利弊，然后根据创作内容和目标受众来进行选择。

7.1.2 选择性多渠道发布

由于移动端各大短视频平台的复杂性和用户使用习惯的不同，有的创作者很难精准地找到适合自己内容的平台，单一的发布渠道风险过大。而多渠道发布意味着更多的流量入口，不同平台之间可以进行资源互换，提升总体粉丝数。因此，短视频在主要平台发布后，还要选择多渠道发布，利用多元化平台的力量，进行资源整合，达到推广目的。

多渠道发布，就要在多个平台建立账号，制作内容并发布。创作者可以在独立短视频平台和综合平台同步发布。多平台的内容输出和曝光将给短视频带来更高的人气和收益，而独立平台可以与综合平台形成有效的互补。在综合平台上，可以最大化地利用"榜单""话题"等方式提供流量入口。一般情况下，"榜单"和"话题"因其强大的内容指向性，流量会比时间线内容呈现页的流量更可观。如果你是没有粉丝的新手，话题是你最应重视的板块。短视频创作者应在分类频道的榜单上争取曝光机会，扩大知名度。另外，发布时不是平台越多越好，要进行选择性取舍。因为多平台发布需要制作者熟悉各个平台的规则和操作流程，耗费大量的资金和人力投入。在选择发布渠道时，我们首先要考虑好自身的属性和定位，以此来获得忠诚度高的粉丝。有了精准的定位后，才能给目标粉丝构建画像。身边的朋友、家人往往是内容的第一批传播者，但是通过他们触达的用户不一定是真正的目标受众。在首批传播和关注中，要瞄准真正有黏性的粉丝，弄清楚他们是谁，他们想要什么，他们在哪些平台更为活跃。这样通过调查研究，分析平台的用户画像是否与自己内容的目标用户重合。如果重合度太低，"吸粉"效果就不理想，可放弃该平台。比如美拍的用户年龄层偏年轻化，性别偏女性。那么你的视频内容就必须是偏女性的，比如化妆、服装搭配、购物分享等。对于应选的平台，要确认不同平台之间是否发布相同的内容，根据平台特点做出相应的调整。例如，不同平台的用户浏览高峰期并不一样，视频时长要求也不一样。

此外，在选择平台时还应注意尽量避免在同类平台上多次发布。因为同类平台的用户群体是大致相同的，平台彼此之间存在着竞争性。一个短视频能否获得成功，除了其内容质量和营销推广之外，平台的推荐也十分重要。如果在同类平台上发布，则短视频内容没有独占性，往往得不到平台的重视；而对具有独占性的内容，平台往往会给予较好的资源位。

7.1.3　选择专一平台发布

随着各大平台争夺优质内容的战争日渐白热化，对于平台来说，独家原创意味着生命力，也维持着平台上用户的黏性。根据中国经济网的报道，网易传媒宣布投入 10 亿元专项生态基金，用于扶持网易号的原创内容生产者；阿里文娱则将 UC 订阅号、优酷自频道账号统一升级为"大鱼号"，提供 20 亿元现金补贴。因此多平台发布固然能获得更多的流量，但是短视频创作者选择专一平台发布，意味着内容独家，享有补贴。例如对于独家授权给头条号的内容，今日头条不仅给予现金补贴，还在全网范围内为被侵权内容维权，并增加优先推荐的权重。UC推出的"W+ 量子计划"内容补贴方案，其核心目的也是让制作者多发布原创首发内容。此外，专一平台发布还有利于版权保护。互联网时代的用户不再是单一的受众，也可以是传播者。准入门槛低为更多人提供了创作的平台，然而庞大的用户群也给平台企业带来了更大的挑战，最常见的就是原创内容被盗用。国家版权局约谈了抖音、西瓜视频、火山小视频等短视频平台企业，要求这些平台提高版权保护意识，加强内容版权管理。因此，专一平台发布能够打击短视频领域的侵权盗版行为，推动短视频行业健康发展。

除了专一平台发布，还可以选择平台首发。平台首发就是固定在一个平台首次发布原创内容，再去其他平台发布。这种方式也能在一定程度上起到对原创内容的保护作用，并且对于流量获取更加保险。选择首发平台的标准就是目标用户一致，最大限度地获取第一批核心粉丝，并且获得良好口碑。例如选择在今日头条首发，根据推荐机制，会带来更多的推荐量，从而获得更多的播放量和分成。加上头条的用户群体庞大，内容可接受度高，在一定程度上可以测试短视频内容是否受欢迎。如果短视频有重大错误，也可以马上知晓，修改优化后再发布到别的平台。

7.2 了解平台推荐机制

在发布短视频内容时，一定要注意利用平台的推荐机制。不同的短视频平台会根据自身的特点制定相应的推荐机制，但各种推荐机制的规则大同小异。先有用户画像，再去匹配内容，这是推荐算法的根本。这种"千人千面"的分发逻辑，是平台推荐机制的内核。作为短视频创作者，了解算法和内容分发，利用运营推广手段，使内容抵达用户，才能实现粉丝的高黏性，获得良好的分发效果。

7.2.1 平台分配流量，推荐给目标用户

当短视频内容在平台上发布后，推荐机制的第一步就是分配流量。流量代表着用户数量，有用户才有盈利。更大的版面，更靠前的位置意味着更多的用户点击，获得的流量也更多。目前流量分配主要有 3 种模式：人工推荐、付费推荐和算法推荐。

人工推荐是一种比较传统的流量推荐方式，是一种人为推荐模式。传统媒体时代，只有编辑拥有分配流量的权力。编辑可以对内容的版面位置、曝光时长进行更改。这种方式推荐的内容都是精挑细选之后的，质量有很大的保证。但是这就需要耗费大量的人力和时间去审核，工作效率也不高。目前大型主流视频平台还是比较依赖于人工推荐，而在小而精的短视频领域，这种分配方式主要作为对算法推荐的补充。例如在爱奇艺，每个类目都会有各自专门的负责人。平台会把负责人的联系方式公布出来，如果视频符合要求，便可以向负责人申请资源位。

付费推荐是一种实时竞价的流量购买方式，你可以通过付费来获得置顶的版面和搜索的优先位置，相当于花钱打广告。短视频博主随时可以购买，购买之后立即可以进行投放，投放一般都是按点击付费。这种模式的投放形式、投放时间、投放区域、预算分配更加灵活，目标人群更精准，可以提升广告的投放效率，减少人力谈判成本，避免人工或者机器推荐的不到位，确保万无一失。目前提供流量购买的平台一般是已经拥有超级流量的巨舰，比如百度搜索、360 搜索、新浪

微博等等。短视频创作者可以通过付费推荐模式来获得最优的流量。以百度搜索为例，作为中国最大的搜索平台，拥有中国最大的访问量，很多企业或者自媒体想要获得大规模的流量，必定绕不开这一渠道。潘宏亮在《客户流量从哪里来？六大方法解决平台流量难题》PPT 中总结，百度的付费推荐模式主要是百度关键词竞价模式。购买者可以在百度平台上新建账号，设置与自己有关的关键词，以实时竞价模式排名。一般是出价越高排名越靠前，排名越靠前所获得的网民关注度和流量点击就越高。假如竞争对手比较多，越精准的关键词竞争就越激烈，需要付出的购买成本也越高。因此，针对广泛流量和精准客户，需要有不同的关键词策略和竞价策略。再例如，新浪微博也启动了流量购买服务，博主可以付费推广自己的内容。这样你的内容就可以在新浪首页上显示，或者在一些比较好的广告位展示。在推荐页面可以选择推广时长和预计覆盖用户，并且新浪微博把用户分为潜在粉丝、兴趣用户、指定用户、专属用户等，推广十分精准。

算法推荐是一种机器推荐模式，资讯类的渠道一般都用算法推荐的流量分配方式，比如今日头条、UC 浏览器、一点资讯等。算法推荐的进行主要有四个流程，分别是审核、识别、推荐和停止。这种流量分发模式的优点是大大增加了爆款的概率。内容发布后，算法机器的第一道程序是审核。在这一环节，主要审核内容是否重复，是否符合法律，是否有色情、暴力内容等。机器会从你的标题、正文和图片中提取信息来判断。因此，我们发布的内容必须有价值、有独创性，否则很难得到推荐。内容通过审核后，第二个环节就是识别。机器会识别内容的主要类型，即给内容画像。它包括内容的体裁，是文字、图片、视频还是音频；还有内容的分类，是游戏、电影、财经还是美食；还有内容的质量，通过点击、转载、收藏和停留时间来判断。通过这些不同的维度对内容细分。识别后机器会根据内容画像和用户画像来匹配，把合适的内容推荐给相应的用户，这就是第三个环节。用户画像主要由生活环境、手机环境、用户信息和 App 内阅读行为构成。用户画像不是一个简单的用户分类，而是对人性的深刻洞察，这主要通过大数据来完成。所以作为内容生产者，我们要尽量通过标签、标题、关键词等让机器容易识别出内容，从而推荐给最相关的用户，提高点击量。第四个环节是停止，算法推荐都有一定的时间限制，因为平台上每天的新内容数量庞大，因此旧的内容在超过时限后就会停止推荐。

7.2.2 获得用户反馈，量化分析

初始流量分配完成后，我们将会获得第一批用户。这些用户的反馈信息在下一轮的流量推荐中至关重要。

初始投放中，机器会把内容推荐给最匹配的用户，由于这些用户对内容所在分类、领域感兴趣，所以他们对内容的质量判断相对而言更具有可信度。这些用户的行为反馈，包括点击量、转发量、点赞量、评论量等数据，对后续的推荐影响甚广。

点击量就是内容被用户点开了多少次。每一个用户的点击都将成为数据被反馈到推荐机制中并累积。点击量过低，将会降低推荐量，使潜在的用户群变小。点击量主要依赖于内容版面的位置和曝光时长。此外，内容越接近主流用户，点击量就越高。如果话题过于冷门生僻，涉及领域过于专业，内容过于晦涩，点击量自然就会很低。标题和封面也是影响点击量的重要因素。在信息流中，内容均是以"标题＋封面"的形式呈现在读者面前，这个时候读者无法得知你的正文内容如何，所有的信息都来自标题和封面的搭配，而优秀的搭配足够吸引人，就能够触发用户的点击行为。

转发量是内容被用户转发的次数，转发量越多，曝光的机会就更大。很多爆款内容的产生并不是靠真正粉丝的阅读量，而是依靠病毒式的转发传播。转发行为的背后有两种心理因素，一是觉得对他人有帮助，二是可以彰显自己支持的观点。要增加转发量，其一可以通过贴合热门事件话题，参与讨论，分享你的观点和态度。其二是创造易传染的情绪，比如快乐的情绪，我们都愿意与人分享。微博上的段子手、知乎上的抖机灵和网易上的神回复都是情绪的表达。其三是内容实用有价值。转发意味着信息分享，当我们在分享的时候会考虑所分享的信息对接收者的价值。比如知乎上很多领域的专业人士分享的知识会引起更多的转发。其四是最重要的一点，就是情感共鸣。这种共鸣就是一种代入感，内容表达的观点或故事与自己

亲身经历相似，会让用户产生情感共鸣。

点赞量也是评价内容质量的重要数据指标。点赞这个行为表达了内容消费者的态度，代表着认同内容的价值观。因此点赞适合表达强烈态度的场合，比如新闻评论、问答社区等。目前平台会更多地使用点赞量作为人气指标，而不是点击量。因为点击量是以用户点击为基础的，它的权重太大会诞生一批标题党和刷浏览量的创作者，而点赞是在用户观看内容之后做出的行为，与内容质量相关度更高。在内容纷杂的社交平台上，点赞的功能也在不断扩大。现在点赞不再是简单地表达喜欢，也出现了更丰富的情绪组合。比如微博更新后，点赞栏出现了震惊、悲伤、愤怒、疑惑等情绪态度。

评论量是内容被用户评论的次数。相比点赞，让用户发表评论的难度更大，而回复评论是保持与用户联系的最好方式。短视频创作者可以在视频末尾设置互动问题，以此激发用户的表达欲望，从而增加评论数量。此外，要及时对用户的评论做出回应。走心的回复往往能够鼓励老用户不断发表更好的评论，用户在收到回复时也会有参与感。比如微信公众号有精选留言的功能，发现精彩评论，一定要第一时间精选出来并置顶，这样其他读者看到评论，也会被带进氛围里；同时微信的"留言精选提醒"功能会满足用户的虚荣心，也能鼓励用户更积极发表评论。

7.2.3 根据用户反馈，再次推荐

平台推荐不是一次性行为，而是一个不断循环重复的过程。在内容上传初期，平台机器会把内容推荐给第一批核心相关用户，然后会根据第一批推送的用户反馈，决定后期推荐的数量。前期数据表现越好，机器便会认为内容受用户欢迎，也就越有机会获得更多的推荐。在第二推荐阶段，你的内容将会突破核心用户圈，发掘更多的潜在用户。反之，如果前一轮推荐效果不佳，下一轮推荐就会减少，直至衰减为零。

以抖音为例，当一个新视频发布到抖音上，抖音平台会给你第一次推荐流量。新视频流量分发以附近和关注为主，再配合用户标签和内容标签智能分发。如果

新视频的完播率高，互动率高，就会获得叠加推荐，这个视频才有机会继续增加流量。这也正是很多零粉账号粉丝一夜暴涨到 10 万以上的原因。叠加推荐机制里，热度加权是一种很重要的方式。比如平台第一批智能分发 100 左右的播放量，转发量达到 10，算法就会判断其为受欢迎内容，自动为内容加权，叠加推荐给你 1000 的播放量；这时转发量达到 100，算法持续叠加推荐到 10000，以此类推。叠加推荐当然是以内容的综合权重作为评估标准，综合权重的关键指标有完播率、点赞量、评论量和转发量。且每个梯级的权重各有不同，当达到一定量级，则是算法推荐和人工推荐相结合的机制。经过大量用户的检验，层层热度加权后才会进入抖音的推荐内容池，接受几十万甚至上百万的大流量洗礼。一般各项指标的热度权重从大到小依次为转发量、评论量、点赞量。热度权重也会根据时间择新去旧，一条爆火的短视频的热度最多持续 1 周，除非有大量用户模仿跟拍。所以短视频创作者需要进行稳定的内容更新，具有持续的爆款输出能力。抖音短视频以 15 秒的形式单刀直入，让人们在视觉、听觉和情境的共振里感受美好，而一夜爆红的内容自有其规律，持续输出一击即中的内容离不开长期的深入洞察。

点击量、转发量、评论量这些数据都是可以外化的，但一个大体量的推荐系统，服务用户众多，这些量化的数据并不全面，再加上刷评论和刷点赞等行为可能会迷惑机器算法。因此推荐机制并不完全依靠这些量化的数据，而是引入了数据以外的要素，对算法做不到、做不好的内容进行干预。比如社会热点事件，虽然你的内容很热，但是热点已过，也不会因为内容的点击率大而继续给你推荐。除了上述提及的数据指标，推荐机制还有很多复杂的情况，比如"过滤噪声"，即过滤停留时间短的点击，打击标题党；"惩罚热点"，对用户在热门文章上的动作做降权处理；"时间衰减"，随着用户动作的增加，老的特征权重会随时间衰减，新动作贡献的特征权重会更大等等。总之，不管算法如何复杂，作为创作者，最关键的是要制作出高品质的内容，保持持续更新，总有一天流量爆款会如期而至。

7.3 发布后的数据管理

　　数据与内容生产向来密不可分，当内容发展到一定规模后，内容本身就会成为有一定规模的数据库。数据管理作用不仅体现在内容生产环节，在内容分发、运营等环节同样至关重要。通过数据这面镜子，可以反映出运营中的诸多问题。发现问题并解决问题，不断优化用户体验是运营者需要掌握的一项硬本领。短视频发布后，我们应该实时采集并分析数据，可以直接明了地洞察用户的真实需求与内容传播的正确维度，进而适时调整内容制作和运营策略，对症下药，夺得市场先机。

7.3.1 数据采集，了解用户和同行

　　数据采集是为了让我们更好地去理解目标用户和竞争对手。我们可以根据这些数据，分析自身的优势和不足，了解与对手的差异化优势。数据采集必须注意数据的精准度，按照一定的规范和流程来操作，对其中的问题数据一律不能使用。高质量的数据才能给短视频团队带来正确的方向预判，而错误的数据只会造成干扰，导致创作停滞不前。

1. 采集历史数据并以此为镜

　　采集历史数据是对过去数据的总结，是针对同一账号的纵向对比。历史数据代表着账号在某个时间段的综合表现，如将 7 天数据、30 天数据、90 天数据、总数据进行对比，观察变化，可有效判断阶段性运营目标是否达成。回顾历史数据，可发现异常，定位问题所在；分析历史数据，可发现规律，实现数据驱动。

　　平时我们在系统或者后台就能看到各式各样的数据指标，不同的平台数据指标往往描述不同，但它们记录的数据大体分为两部分，一是内容本身，二是用户对内容的反馈。内容本身的数据主要是初始推荐量。推荐平台会根据以往短视频账号的表现给出一个平台指数，结合标题和标签描述的内容覆盖人群进行第一次

推荐的数量就是初始推荐量。这个时候的推荐还没有参考内容发布后的互动指标，决定其基数的就是内容覆盖的人群。短视频团队在内容通过审核后的一小时内需要持续观察推荐量情况，结合历史数据进行比较。如果初始推荐量小，往往是因为标题或标签的内容受众少。用户对内容的反馈数据包括播放量、评论量、点赞量和转发量，在后台一般是通过可视化图表呈现，可以此衡量内容的热度。图 7-1 所示为"卡思数据"上抖音网红费启鸣的 90 天点赞趋势和评论趋势的统计数据。再比如百度指数会收集上网用户的信息，进行分析，用互联网数据统计搜索的数量。我们可以通过它获得近半年的历史数据对比。这些数据一般都是以曲线图的形式加以展现，结果一目了然。图 7-2 所示为 papi 酱的百度热搜指数。

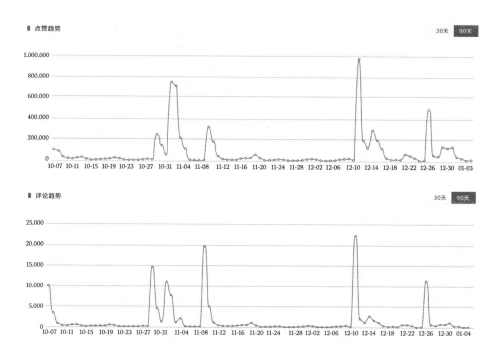

图 7-1 "卡思数据"上费启鸣的 90 天点赞趋势和评论趋势的统计数据

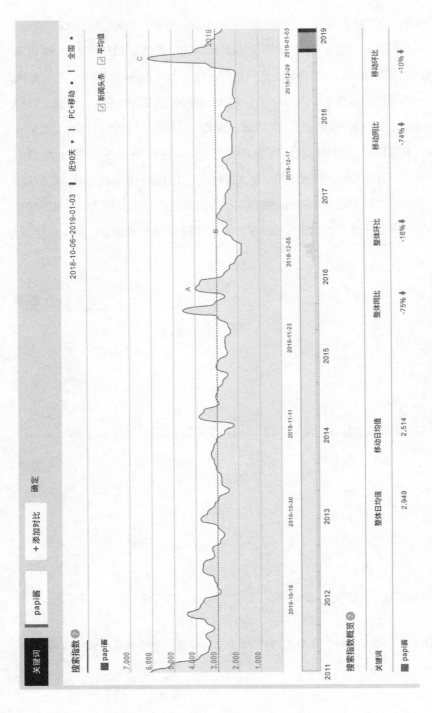

图 7-2 papi 酱的百度热搜指数

采集历史信息的目的在于更准确地理解目标用户以及他们的共同的行为特征，以数据为镜确定内容的发展方向，使内容输出更加贴近用户。另外在广告合作方面，广告主最看重的就是历史数据。前期与广告主沟通时，对方会根据历史内容的播放总量和覆盖渠道来推测广告投放后的预期效果。

2. 采集同行数据并以此为鉴

同行数据采集是对同类或者相似短视频创作者的数据总结，是针对不同账号的横向对比。观察榜单或者直接筛选，可找到与自己账号类型相似的标杆以及体量相近的同行，然后采集同行竞争对手的行为数据，比如他们发布了什么内容、在什么渠道推广、他们内容的量化指标数据怎么样等等。通过了解竞争对手的表现，我们可以推测出哪些关键词或者主题能够引起用户的关注，用户对哪些内容毫无兴趣，并且以此来尝试创新，找寻突破口，创作一些新鲜的内容。

采集同行数据首先要主题相似。短视频的内容往往都会有明确的主题，比如数码类主题，如果你的短视频是关于小米手机使用技巧的，就可以采集 iPhone 手机使用技巧的短视频数据，而运动、美食这些无关系的数据对你来说是毫无价值的。其次，可以通过粉丝重合度分析，了解粉丝的需求，进行更为广泛的触达传播。对于粉丝重合度高的账号，可以寻求合作，通过合拍短视频的方式提高粉丝互动。

采集同行数据还能快速抓住平台爆点，有的放矢进行内容创作。"蹭热点"已经成为很多创作者的共同认知，一旦某个BGM（background music，背景音乐）火了后，就会出现很多相同爆火的内容。认真观察短视频平台热门BGM、热门视频以及新近粉丝增长快的账号，可以帮助创作者找准内容创意的方向，准确把握热点、爆点。以抖音账号MOMO酱为例，在冷启动的情况下，MOMO酱创造了在抖音40天涨粉160万的奇迹。其原因在于，运营者用数据驱动内容制造，通过结合热门BGM和舞蹈产出优质内容，并利用事件发酵，完成抖音用户的原始积累。MOMO酱发现粉丝对《我们一起学猫叫》这首歌曲更感兴趣，同时发现Angelababy对MOMO酱点了赞，就推出了和Angelababy的合拍视频，引起了用户的强烈好感和热情互动，单日增粉量达到 6.7 万。

通过同行间的数据对比以及粉丝分析，可寻找自身卖点及粉丝的趋同性和差异性，进行针对性的包装、运营，最终让自己在竞争中脱颖而出。

7.3.2 数据分析，找到最优推广渠道

数据分析是将数据转化为信息的一种方法。采集数据后，我们对于目标用户在何时何地、以何种方式获取何种内容会有比较深刻的理解。通过有针对性的数据分析，我们可以更直观地发现目前存在的问题并加以改正，更精准地去产出内容，并且了解不同发布平台的不同表现，找到用户反馈最好的发布渠道。

每个平台都会有自己的后台数据，短视频团队通过一段时间的使用可以了解各个平台的一些数据特点，潜心研究，精耕细作，才能让更多的用户喜欢你的内容。在后台，团队需要观察分析的数据主要有播放完成率、退出率和平均播放时长。播放完成率占比高说明内容很吸引用户；退出率高的原因可能是标题与内容不符合，用户点进来后没有看到期待的内容，这个比率偏高很可能被机器识别为标题党，大大降低推荐率；平均播放时长可以帮助了解短视频的问题内容出现的具体时间，比如一个三分钟的短视频平均播放时长只有 30 秒，就要考虑为什么用户在30 秒这个时间节点选择退出，是不是因为前面的内容过于拖沓无趣，无法吸引用户继续观看下去。

除了上述基础的数据分析外，还有一些数据同样需要注意。其一是涨粉率，它是指短视频发布后增加的粉丝数量与原粉丝数量的比率。涨粉率是运营推广最终最优的评价指标。粉丝关注代表用户观看短视频后觉得很喜欢，并希望在今后看到同类题材。用户关注成为粉丝是在点赞、评论、转发这些行为之后过滤下来的结果。正常情况下，粉丝和评论、点赞应该保持一个稳定的增长比率，它们之间呈现正相关的曲线趋势。其二是粉赞比、播赞比和评赞比。粉赞比是一个粉丝总量与获赞总量的比值，一定程度上反映了粉丝对于内容的认可度和参与度。播赞比是内容播放量与获赞量的比值，可以进一步理解为内容曝光与互动的转化率。评赞比是短视频评论数与点赞数的比值，能够说明内容参与度以及用户的活跃度。

7.3.3 数据反馈，及时调整运营策略

内容持续发布后，运营是整个短视频生产线上的重要环节。在这一环节，需要通过数据反馈，及时调整运营策略，指导运营精细化。

第一可以根据数据调整发布时间。每个短视频平台都有流量高峰时间，所以在初期就需要人工记录和研究不同平台各个时间段的数据，看看哪个时间段能获得高的推荐量和播放量。比如在腾讯平台发布之后不能马上获得较高的播放量，需要过一周才能看到数据增长情况；而有的推荐平台数据增长量大概是在 24 小时之内，过了这个时间点数据量的增长就不会很明显。现在也有一些很方便的数据统计工具，比如火星 CaaS 平台、一帧、卡思数据等等，大部分平台的最佳发布时间已经通过统计机构人工记录和观察总结得出结论，可以利用这些工具随时随地进行数据查询，提高工作效率。比如火星 CaaS 平台的数据统计表明，美拍在中午 12 点、晚上 6 点和 22 点左右发布效果比较好。找到各个平台的流量高峰规律后，尽量选择在流量高峰时间段发布，可让自己的内容获取更多的曝光量。

第二可以用数据指导运营侧重点。短视频制作团队在最初开始运营时都会遇到人力不足的情况，因此在工作中要合理分配人力资源，有清晰的运营侧重点。是选择专攻内容匹配且数据好的平台还是着重全网平台铺设？是花费资金做广告宣传还是人工推广？这些问题都是运营中需要把握的重点。通过数据我们可以判断哪些平台要进行重点运营，哪些平台进行次运营，哪些平台只要发布就好，哪些平台放弃。短视频刚刚发布时，我们可以在所有平台都发布，然后观察同一内容在各个平台上的数据表现，如果持续在一个平台表现很好，那么就可以把侧重点放在这个平台，而相应地弱化其他一些平台的运营。对于数据表现好的平台可以进行精细化运营，一直到这个平台的数据进入持续获得高流量的稳定发展期。

第三可以根据数据调整视频内容。根据数据指导内容策划是一个非常科学且合理的方法。短视频团队通过一次次地优化内容，改进不足，会让粉丝的黏合度越来越高。以今日头条为例，因为今日头条主要依靠算法推荐，根据用户行为判断内容质量而不受人工操作的影响，所以数据的价值尤为凸显。在这个平台上发

布的短视频，所有的数据对于推荐量和播放量都是有影响的，比如播放完成率、转发率、评论率、退出率等等。营运者可以在后台把这些数据导出来进行分析，按照数据高低排序，每周或者每月做一个对比总结，然后剖析短视频每一项数据排在前列的原因。收藏量高的短视频通常具有实用性的特点。比如 iPhone 手机的 10 种使用技巧，因为就算看完了短视频，用户也不能一次性全部记住 10 种方法，所以往往会收藏以便以后观看。而具有社交属性的短视频转发量会比较高，用户在观看后会产生分享的欲望，愿意推荐给他们的朋友。有些炫酷新奇的短视频也会让用户想要分享而转发。通过分析每一项单独的数据来调整内容的方向，如对于收藏量高而转发量不高的短视频就可以在下一期内容制作时适当增添社交属性，对于评论数不高的短视频在内容策划时要考虑到内容本身的可探讨价值，是否存在争议点、是否存在对立双方、能否引起用户回忆和共鸣等。

08

第八章

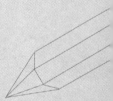

争占短视频 "新风口"，争者必"营"

在选好发布平台之后，就要对短视频进行有的放矢的运营和推广，这既包括借势热点、媒介和他人开拓渠道，又包括保证自身创作的频率和树立IP形象，以及开展互动、发放福利、及时回复等粉丝维护等多个方面。

互联网时代，流量造就商业价值。除了作品本身喜闻乐见、老少咸宜、受到追捧外，还有很多的技巧能让你成为闪光灯的焦点，这些技巧就是"运营"。渠道运营，关注推广的手段和方法；内容运营，关注视频的数量和质量；粉丝运营，关注粉丝的吸引和留存。做好这三步，才能争占风口，抢占先机。

制作出一支短视频仅仅是进入行业的第一步，想要在短视频行业立足，关键还在于运营。在大多数传统行业里，"运营"发挥的作用有限。随着互联网和新媒体的发展，"运营"的功能和作用越来越大。短视频的运营，是新媒体运营概念里的一个分支。具体来说，短视频的运营手段是"新兴媒体平台工具"，而应用场景则是围绕短视频内容产品展开的相关活动，运营的目的是提高短视频内容产品的用户触达率、用户参与度，提升短视频内容 IP 本身的知名度，从而为短视频内容产品获取和沉淀线上的用户量，完成品牌价值、用户以及市场占有率的三重增长。

8.1 加强推广，开拓渠道

俗语说"酒香不怕巷子深"，但是在这个信息爆炸的时代，太多的酒香充满了曲折幽深的互联网巷子，如果没有推广，就很难被看见。所谓推广，就是寻找具有高匹配度的目标用户。加强推广，便是让短视频能被更多的用户接触到，更多的"被看见"，增加曝光率。更多的用户需要从更多的渠道获取，包括其他平台、媒介，以及其他发布者的粉丝群体等等，他们都能成为短视频大厦的一砖一瓦。

8.1.1 借助热点话题提升热度

根据百度百科解释，热点（hot spot）指的是比较受广大群众关心、关注的各类问题，通俗来讲就是人民群众关心的事件或人。而我们这里所说的借助热点话题提升热度，指的就是我们要借助这些短期比较受广大群众关注、争议、讨论或欢迎的话题、事件等，对我们要推广的内容进行话题匹配，从而借助这些热点进行创作或借题发挥，引起市场大众跟风或引起目标用户注意。

为什么要追热点？首先，是为了更好地传播。构思内容时，一定是建立在某个事件、某样产品、某场活动、某部电影等具体话题的基础上。热点是自带高流量光环的话题，追热点，无论内容多么简单粗糙，几乎都能得到比平时多数倍的传播。其次，更容易借势。热点事件相对来说比较成形，只需要找到合适的切入点，而不用从零开始构思一个选题，可用较低的成本获得较高关注度。最后，热点本身符合大众心理，易获得转发。大热点出现时，常常会呈现出刷屏之势：大众出于优越感及认同感的需要，往往对热点事件格外关注，并积极进行转发；相反，与热点脱节的内容大众很少关注，很容易被淹没在海量内容中。

热点那么多，当然不可能每个都去追，那么什么样的热点值得追呢？首先可从事件属性来进行分析。事件属性包括话题性和传播性。这两点可以帮助判断受众和这个热点的相关程度、可参与程度，是否会对热点展开讨论，并加以传播。有争议、可延展的事件会引起人们更久的关注。如果一个事件从开始就非常清晰，公众的立场有明确的统一倾向，那么这个热点就很难持续。当然，出现反转另当别论。以小见大、回溯过去、类比等都是延展话题常用的方式。短视频时长有限，比较难在短时间内展现有深度的内容，因此回溯历史和同类比较更为常见。新奇、有趣以及能触发人们情绪的内容更易激发人们的传播行为。iPhone8 将出之际，各大科技账号大多是将 iPhone 这款新机和之前的机型进行对比，氪星情报局却另辟蹊径，出了一个《如何阻止你的女朋友买 iPhone8》的视频，用更加搞笑的

方式对 iPhone 新机的几个特
点进行了介绍。

扫码观看

《如何阻止你的女朋
友买 iPhone 8》

其次，热度持续时间也
很重要。如果对话题的 "热度
持续时间" 没有正确的判断，
很可能视频刚制作出来，话题已经冷掉了。为了不白费力气，可从事件的时效性
和持续发酵的可能性上对热度持续时间进行判断。时效性强弱指事件受时间影响
的大小。比如林志玲结婚，热度只持续了一两天；一些节日相关内容，节前一周
热度较高，节日一过，热度就骤减。要尽可能准确判断持续发酵的可能性。比如
2020 年 8 月登上《人民日报》的女孩为农村女性化妆，变妆前后对比照，让网友
大呼感动，其经典评论 "你比想象中更美" 一时间被更多人学习、效仿，就像化
妆师呼吁的那样，"为家庭操劳一生的她们真的很不容易，希望她们也能更自信，
过上更美好的生活。" 这类带有正能量的感人事件预期会持续发酵，这类热点就
有很大延展空间。

然后，还可以参加短视频
平台发起的各种赛事。比如抖
音挑战赛，它结合了抖音开屏、
红人、热搜、信息流、定制贴
纸等商业化流量入口的资源，

扫码观看

《成都的美女有很
多，我的闺蜜占一半》

运用了抖音最重要的一条运营逻辑 "模仿"，用户可以以此为热点突破口，收获
更多的流量。2019 年 3 月抖音发起的 "挑战闺蜜团"，四个成都妹子的 "成都
的美女那么多，我的闺蜜占一半" 口号，以及魔性的舞蹈与曲风，迅速引来了全
国各地妹子与闺蜜的争相模仿，也造就了众多各地的新网红。这有点类似于线上
的选秀，只不过成本低、平台更广阔，每个人多多少少都能得到相应收益。

我们对热点话题的特性有了一定的把握，就能乘着热点的劲风，提升自己短
视频的热度了。

8.1.2 与其他发布者互推转发

互推转发的方法由来已久，在移动互联网出现之前的 PC 时代，互推就已经成为各个网站扩展自己影响力的一种重要方法，称为交换链接。一般存在于具有一定资源互补优势的网站之间，双方分别在自己的网站上放置对方网站的 LOGO 或网站名称，并设置对方网站的超级链接，使得用户可以从合作网站中发现自己的网站，达到互相推广的目的。到了移动互联网时代，初期，微博互推大行其道，火热异常。微信公众号后来居上，公众号相互推荐，增加彼此公众号的粉丝和阅读量，成为互推的主要方式。现在，互推变成了一种正常的营销手段，通过相互置换粉丝，达到互惠互利的目的。

先简单介绍一下互推吸粉法的优点。第一，容易建立信任。互推，包括朋友圈互推，公众号互推，微博、短视频互推，其之所以能成功，本质上都是因为信任。有人背书，已经预设了信任的前提，粉丝自然不会太抗拒。因此互推来的粉丝，很容易就能跨越怀疑的高墙，到达相信的彼岸。第二，推来的全部是精准粉丝。甲和乙互推，甲的粉丝看到乙的短视频，只有感兴趣才会关注，如果不感兴趣就不会关注，选择权在粉丝手上。因为是带着兴趣主动关注的，自然是比较精准的粉丝。第三，互推就是借力以及资源整合，可节省时间和成本。运营高手都非常擅长借力和资源整合，因为资源互通有无，可以省去大把的时间和资金的投入，市场上大多数企业的合作也是基于这个目的。

短视频账号互推方法大致有以下几种。

1．短视频互推

（1）真人出镜到对方的视频中；

（2）在视频中隔空喊话，与对方互动；

（3）在视频中借助文字、口播对方的账号。

扫码观看

《欢迎来到美丽的丹寨，经常会遇到一些有意思的人》

2．个人信息互推

将广告方的微信、QQ、手机号等放到自己的个人信息中，通过个人主页的曝光，为广告方引流。个人信息栏既然可以引流，做互推的话当然也没问题；而且直接提到对方昵称的互推行为,安全系数自然也高了很多。

3．视频 @ 对方互推

这个方法很简单,不用专门拍摄视频,只需要在
文案中 @ 对方,就能获得跟对方的短视频近乎等量的
曝光。

扫码观看

《这个小姐姐我是
约还是不约呢?》

4．合拍、抢镜

将合拍、抢镜这两个功能用在互推上,隔空喊话、
互动的效果必然会翻倍。

5．点赞互推、转发互推和唯一关注

这三种互推方法实际上就是利用粉丝对你的好奇、关注和信任,激发用户通
过对你点赞、转发作品和关注的人来探知和了解你。它们的引流质量也是非常高的。

以上的这几种方法既可以单独使用,也可以搭配使用。每一个短视频博主都
有自身的特色,多试几次就能找到最适合自己的互推方法。

8.1.3 融合其他媒介加强联系

媒介融合,或称媒体融合(media convergence),是美国麻省理工学院的伊
契尔·索勒·普尔最先提出的概念。1983 年,他在其著作《自由的科技》中提出
了"传播形态融合",用以指各种媒介呈现出多功能一体化的趋势。我国学者蔡
雯将媒介融合定义为"在以数字技术、网络技术和信息技术为核心的科学技术的
推动下,各产业在经济利益和社会需求的鼓舞下通过合作、并购和整合等手段,
实现不同媒介形态的内容融合、渠道融合和终端融合的过程"。目前国内外对"媒
体融合"并无统一的定义,大体可以从狭义和广义两个角度来理解。从狭义上讲,
媒体融合指不同的媒介形态融合在一起,形成一种新的媒介形态;而广义的媒体
融合则包含一切媒介及其相关要素的结合、汇聚和融合,如媒介形态、传播手段、

所有权、组织结构等要素的融合。

媒体融合现在主要是传统媒体转战新媒体平台的一种重要方式。例如，《人民日报》和新华社的新闻报道以短视频作为亮点，客户端首页每3～5条图文报道就插播一条短视频，使受众养成观看短视频的习惯，同时也将新闻融于短视频之中，其内容扎实精干，体现新闻媒体的专业属性。《新京报》追求新闻和视频的专业质量，其新闻主要集中在突发事件以及社会、时政领域，关注新闻中的人是其特色，发展目标是"成为中国最好的移动端短视频新闻生产者"。在"江歌案"中，《新京报》旗下的《我们》视频通过对案件事实、当事人采访、审判过程等方面的专业报道，逐渐提高了知名度，打响了自己的品牌。

短视频节目可以吸收、借鉴传统媒体的经验，采用多种媒体形态，加强与各方面的联系，从而提高知名度和关注度。短视频节目加强媒体融合主要有以下几个途径。

1. 平台内容的相互嵌套

短视频不仅可以作为单独呈现的内容，也可作为一种呈现形式，被视频网站、直播平台所利用，与长视频结合，达到相辅相成的效果。2017年视频网站爱奇艺自制网络综艺节目《中国有嘻哈》，通过在节目中穿插短视频的方式植入商业广告或其他选手的表演内容，通过短视频中选手的表演对节目过程进行浓缩和梳理，起到长短视频相互嵌套、给予观看者喘息空间、稳定视频节奏的作用。另一方面，在完整节目中穿插与主题相关的短视频，可弱化商业广告植入痕迹，又能与推广产生关联。

2. 信息流中的动静结合

以微博平台为例，短视频夹杂在文字、图片信息流中，手指划过时即可显示视频的动态预览，视频播放结束后不会自动跳回原有的信息流，而是根据用户所选内容推荐相似的短视频，形成专门针对短视频的、独立于原本静态信息流之外的动态信息流。2013年短视频应用秒拍上线后，与微博展开密切合作，目前在微博内的动态信息流中，绝大多数视频内容均来自秒拍，且推荐内容中有相当一部分视频发布者并非用户原本关注的。通过短视频的动态信息流,微博实现了对账号的二次导流。另一个利用短视频做动静结合搭配的典型是手机淘宝。2016年8月上线的淘宝二楼,作为阿里巴巴的短视频营销项目,用户下滑手机淘宝界面即可弹出一段视频,视频播放完毕后则是相关商品链接。目前,手机淘宝内的有好货、爱逛街等入口的介绍形式均从原本静态的图片换成动态短视频,视频内容从单品展示、教程、评测到概念科普均有涉及,且依据不同模块的需求,设定不同的商家数量及日更新量。一些短视频制作公司开辟新部门为品牌电商提供服务,可通过商家付费、消费分成和平台奖励获得收益。

3. 线上与线下的渠道组合强化

互联网平台催生了短视频,但短视频的传播并不局限于线上。早期视频内容线上与线下的融合大多体现在影视作品于电视及视频网站的跨平台播放,对更加碎片化的短视频而言,打通线上与线下传播渠道,需要找到适宜的传播空间。目前,短视频的线下分发渠道更多集中在户外,如机场、地铁、公交、电梯等移动场景。与以往移动传播中密集出现的广告内容不同,短视频的可看性更强,有别于时间较长的影视作品,优质短视频更适合作为移动空间的主要传播内容。以短视频平台日日煮(Day Day COOK)为例,通过短视频展示美食的制作流程,兼备观赏性和实用性,相较于传统模式的广告,此类视频在线下移动空间的转化率往往能够取得更好的效果,其精细化的短视频内容将进一步连接线上与线下。

8.2 保证质量，持续更新

互联网时代，内容为王。优质的内容是吸引粉丝的基础，以此带来的口碑，是短视频发展的强大动力。在保证质量的基础上，持续更新，提高曝光率，是短视频运营的不二法门。而处理好二者的关系，是每一个短视频从业者都需要面临的基本问题。

8.2.1 保证更新频率

当前，多数短视频节目采取周更的方式进行更新，也有少数规模较大的节目能达到日更。保证一定的更新频率，短视频才能持续运转；提高更新频率，则更有利于短视频产品的运营和流量的提升。对于短视频节目来说，如果能够达到日更状态的话，其实会给节目带来很多的好处，有利于节目快速发展。

保证更新频率能低成本高效率地找准节目方向。在开始做短视频节目之后，最重要的问题就是确定节目所选的方向是否合适。如果节目的更新速率太慢，在一周之内只出一个视频，要根据视频效果来检验节目方向是否正确，时间成本就太高了。一个视频的播放量无法说明什么问题，而一旦需要对比数据进行分析，就要差不多花费一个月的时间。而如果能达到日更的状态，每天可尝试不同的选题方向。大概根据两周的视频播放量，针对每个视频的数据进行分析，就能很好地帮助节目找准视频选题方向，大大减少了视频选题的试错成本。

日更会加速度过渠道的新手期。一些短视频平台对于新的短视频节目会设置一个新手期。以今日头条为例，短视频节目要达到 10 条的原创推荐，并且头条指数也要达到指标，才能获得分成。要快速度过新手期，尽快适应平台实现盈利，日更是最有效的方法。这里要强调一点，视频一定要原创，因为头条指数涉及的方面不仅有更新速度，还有原创度，同时还关系着推荐数量。

日更有利于对粉丝的维护。粉丝的数量是一个短视频节目成败的关键，维护粉丝自然不可轻视。如果短视频节目每天更新，就能持续激活粉丝群体，同时吸引更多的粉丝关注。比如"二更"，每天更新 4 到 5 条原创视频，吸引了无数的粉丝关注。除此之外，日更还能与粉丝加强交流，及时调整短视频的内容和方向，使得短视频节目更被粉丝接受和喜欢。

想达到日更，选题很关键。有一些内容和方向，素材丰富，容易获得，而且后期制作剪辑步骤比较简单，能够大规模生产，天然适合日更。

技能类：技能类素材容易找，生活中的一些小技巧都可以拿来拍摄成视频，比如，铁器生锈了如何处理、衣物沾有油渍如何处理等小技巧。这些小技巧很容易找到，可以根据日常经验，也可以直接上网查找。而且这种技能类的短视频拍摄简单，用一部手机就能拍摄，不需要过多的剪辑处理。技能类短视频时长都很短，一镜到底的成功率比较高，说错了话剪掉还不如重新拍一遍，几分钟就可以完成。

商品类：商品类短视频大部分都是电商商家，或者一些淘宝店主、淘宝客制作的。他们对于商品的相关信息比较了解，有大量的知识储备，这样就节省了时间成本。这类视频一般都是做推广的，介绍商品，分析商品的特性，然后出售商品。

影视娱乐类：影视娱乐类的短视频，题材非常广泛。每天的明星八卦、娱乐圈动态，还有当下热门的电影电视剧，都是制作短视频的素材来源，可以说影视娱乐类的素材来源是源源不断的。但是要想合法使用这些视频获利，一方面要获得相关的授权，另一方面要有自己的观点或见解，速看类、点评类都是这种，在宣传影视节目的同时，传达和阐述自己的观点。普通视频处理软件操作非常简单，比如爱剪辑，上手毫无难度。

数码类：数码类的短视频选题丰富，可以持续产出内容。现在的移动设备发展迅速，更新换代快。比如手机，每个月都有新机出现。可以选择介绍新机、进行机型对比，或者介绍与某款手机相关的小知识或技巧等内容。拍摄这类短视频也很简单，手机就能拍，也可以不做处理，对于道具与场景也没有要求。

美食类：美食类可以说是最不缺素材的类型。民以食为天，中华上下 5000 年的历史，形成了丰富的饮食文化，产生了无数美食，光是我们国内的 8 大菜系加上地方菜、特色菜、小吃，穷尽一生都拍不完，更不用说还有国外的美食。美食类视频的取材也简单，许多菜品的配菜都差不多，只是主

扫码观看
《山西徒步厨师
挑战拉萨》

食材有所区别，例如，葱姜蒜这些食材都是不用每天重复准备的，这样会使视频拍摄前期的准备工作变得容易，缩短前期的工作时间；并且拍摄场景可以不用变换，厨房或是能做饭的地方就可以。也有人一边旅行一边做美食，徒步山炮美食就是这样一位快手网红，从徒步拉萨到徒步三亚，每日一更或多更的短视频为他带来了源源不断的粉丝，也最终成就了他的梦想。

8.2.2 保证更新质量

什么样的视频质量算好？传统的视频制作行业，视频需要满足客户需求，或者有专业的评审委员对视频进行检验，但是短视频横空出世，并没有形成这样完整的行业规则。短视频的制作质量，可用短视频被上传到平台之后，短视频的受欢迎程度、有多少用户买账等实实在在的数据指标和用户反馈来衡量。

策划是一个短视频的开端，好的策划关系到整个短视频的内容够不够吸引人，是影响短视频质量的最重要的因素。其他因素可以看成是短视频的外壳，而策划则是短视频的灵魂。策划出的内容符不符合用户的观看习惯，能不能打动用户的心，这些都直接关系着短视频最后放到市场上的受欢迎程度。

好的策划的核心是有一个好的创意，好的创意能提高短视频的质量。百度上一篇名为《持续产生高质量创意短视频没你想象中那么难》的文章以美食类短视频为例，介绍最简单的拍摄方法，将以前的菜谱拍成短视频内容，这种形式在短视频的红利早期会让观众觉得非常新鲜好看，自然就有比较大的播放量。然而任何事情都怕跟风，大量的短视频创业者继续模仿以这种方式拍摄视频，用户就逐渐失去了兴趣。此时要在这个红海市场脱颖而出，差异化内容才是关键。例如，短视频加入创意元素，让办公室小野成为美食领域的头部 IP。

创意短视频生产的关键是编剧，需要在脚本当中融入自己的创意和想法。从

团队的配置上来说，团队成员最好都是具有创新性思维的人，同时团队当中至少要有一个创意策划人员，这样创作的内容才有所谓创意空间，当然对于很多短视频团队来说这是一个不小的挑战。传统的短视频团队拥有比较完善的影视作品生产流程，不过有的团队创意策划的经验不足。优秀的短视频团队，在内容生产的初始阶段，团队成员一般选择一些既有编剧经验，又有很多创意想法的伙伴，他们在团队中的角色就是创意策划。优秀的团队中还应配备独立的编剧，策划人负责整个创意的产生，编剧负责内容和创意的结合，而导演则负责把整个内容呈现给观众，这三者形成了一个完整的创意生产链条。以办公室小野为例，他们在生产创意短视频的时候，把整个内容分成三个层面：第一层面是主创意，由主策划来负责，比如，饮水机煮火锅这个短视频，饮水机煮火锅是创意的主要部分；第二层面是编剧，包括一些小创意或者神技能，比如他们在视频中手工做面条的内容；第三层面是编剧，由一些"梗"来组成，这个层面也是由编剧来负责实施的，比如视频里去便利店买辣椒油。一个主创意 + 若干个神技能或小创意 + 一些"梗"= 完整的创意链条。

　　需要注意的是，不管是常规的视频或是创意短视频，都必须站在用户的角度制作。应该追求内容的双向互动，而并非简单的单向传播。传统的内容创作者的思维是：我说你听。创作者是权威的一方，在这种情况下，观众只是简单的受众，没办法跟创作者实现双向互动。在互联网环境下，要让观众与内容产生很

扫码观看

《日日煮：千叶豆腐的做法》

强的互动，最基本的要求就是内容要有个性，要传递价值观。通过价值观与受众产生强烈的情感共鸣，从而让短视频内容走得更远。如果办公室小野仅仅是一个在办公室各种折腾做美食的网红，很快就会遇到瓶颈。而为什么目前她越来越受大家的欢迎，甚至有很多观众由"黑"转"粉"，一个很重要的原因是她通过她的短视频节目不断地输出一种价值观：办公室不止有 KPI（关键绩效指标），还有吃和远方。

8.2.3 打造个人IP

有了以上的两点，短视频节目粉丝增加，逐渐步入正轨，就可以着手打造个人IP了。

什么是个人IP？字面理解是，Intellectual Property，指个人对某种成果的占有权。在互联网时代，它可以指一个符号、一种价值观、一个具有共同特征的群体、一些自带流量的内容。其中实质是粉丝对其价值观的认同。或者说，IP就是让人们以共同的价值观，产生沟通、连接的人或事物。因此，个人IP与网红不能混为一谈。拥有千万粉丝的网红太多，真正能一呼百应，像罗永浩那样跨界运作的人并不多。网红带来的流量可能只是一时，或者局限于所在的圈子，这就凸显出个人IP的品牌价值。个人IP能凭自身的吸引力，挣脱单一平台的束缚，在多个平台上获得流量，进行分发。

为什么要打造个人IP？

第一，个人IP对事业赋予的是人格背书，能够增强信任。相较单一的产品宣传，个人IP带来的粉丝质量和黏性要牢靠得多。自媒体时代，个人的影响力甚至超过了传统媒体，人们更愿意从某个信任的人那里获取信息，而不是刊物和节目。主持人汪涵、高晓松没有特别出众的颜值，节目却办一个火一个，《晓说》就是高晓松的独角戏，但是讲什么都有人看，粉丝把对人的信任，转化为对节目质量的信任。

第二，个人IP更容易将流量变现。现在到处都在宣扬流量为王，甚至做标题党，吸引眼球，强行创造"10万+"。个人IP一旦形成，无论做什么都更容易获得粉丝认可，而不需要费尽心机，粉丝对内容比较包容，更注重IP传达的价值、理念并更容易接受和理解，流量更稳定。而标题党对IP有致命的伤害，是透支行为，会损伤好不容易积累起来的品牌价值。而且个人IP的流量变现，已经不仅仅局限于广告这种单一手段，可以自创电商、代言，甚至有用户直接为内容打赏。据报道，财经作家吴晓波的公众号广告，能卖到10万元一条。

第三，个人IP更能与粉丝形成紧密关系。过去，明星都是高高在上的，为了维护形象，只露出他们精心设计的那一面。这种完美是不正常的、刻意营造的。现在，粉丝需要的是真实、鲜活的人设。作为个人 IP，可以不完美、不帅，也可以有一些小毛病，但是一定要呈现出完整的性格和思想内涵，从而让粉丝了解这个人的价值观。平时与粉丝双向互动，形成的关系也比"追星族"牢固得多。罗永浩的产品在商业上失败了，但是仍有大批铁粉给他加油打气，认为这符合他的理想主义气质，老罗身上最重要的这个标签被加强了，下一款产品仍会有铁粉支持。

8.3 "吸粉" "固粉"，缺一不可

粉丝经济时代，"得粉丝者得天下"，粉丝量不仅仅是短视频节目人气的直接表现，更是进一步商业变现的直接来源。在短视频节目创立的初期，"吸粉"尤为重要，需要通过各种渠道被用户发现和喜爱，增加流量和曝光度。随着节目运营的稳定，"固粉"的重要性增加，留住用户，保持粉丝的数量和活跃度成为运营的重中之重。当然，"吸粉"和"固粉"都很重要，缺一不可。粉丝，值得用尽各种手段去维护。

8.3.1 在视频中直接互动

在直播软件中，用户经常能收到提示：在自己或其他人看直播时，留言区会出现某某进入了房间、某某来了等提示；主播看到用户进入房间会说：欢迎某某。被主播点名时，观众会产生一种"被尊重"的感觉，对主播的"倾慕之心""好感"就会增加。用户在评论区向主播提问，优秀的主播一般都会做出回答（前提是这个问题不涉及敏感话题），而看到自己的提问被回复，用户提问的积极性自然就会提高。主播还可能会向观看直播的用户发出互动话题，用户可以通过评论与主播互动。

而短视频与用户的互动就无法达到直播的水平。首先短视频生来就有延迟，用户观看短视频时并不能获得像直播中的"被尊重"的感觉，虽然用户可以在评论区评论，但是，热门的视频会有上千条的评论，视频制作者很难一一回复。直播是面对面交流，但短视频是需要手动回复的。这样的单向互动，用户没有办法及时获得反馈，可能会导致用户"评论疲劳"，无法对视频制作者形成"依赖""倾慕"的心理和感情。所以，短视频在互动性方面远远不及直播。短视频要想获得长足发展，还要在互动性这方面向直播多多学习。

在短视频营销中，许多品牌都将关注点集中在"内容质量"上，却忽视了"用户互动"的重要性。单向传播的短视频虽可凭借优质的内容瞬间爆发，但持续性

却相对较弱，难以成为"现象级"
的刷屏案例。中华牙膏的视频
在抖音投放，通过女友视角的
拍摄手法与用户进行更真实、

更亲密的互动。刘昊然对着屏幕前的观众使出喂零食、摸头杀等暖男必备的撒手
锏以后，很自然地带出中华御齿护龈牙膏这个缓解牙龈上火的法宝。观众也会通
过参与感获得一种积极的心理体验，并将从视频中所获取的正面情绪转移到广告
的产品之上。

8.3.2 多搞活动，发放福利

活动是提升互动最直接有效的方式。短视频节目运营一段时间后，粉丝会逐
渐习惯节目的内容和风格，双方进入一个平衡稳定期。仅靠日常的内容运营不足
以刺激用户产生更多的互动。此时，就需要定期制造一些新玩法，以保持节目对
粉丝的吸引力和黏性。直接发放福利，就是一种最简单也最有效的活动。

社群组织的逻辑是一群人发挥整体的能量去谋求更大的利益。从本质上来看，
社群运营是一种情感投资，粉丝在社群中得到的多，回报的自然也会更多。罗辑
思维曾经向粉丝社群免费发放乐视超级电视、黄太吉煎饼等，使粉丝们获得了一
定的利益，相应的，粉丝的凝聚力自然也大幅度提升，其所产生的品牌传播影响
力也推动了罗辑思维的发展。

相比罗辑思维的直接发放礼品，抽奖显然是一种成本更低但也更具有趣味性
的活动。2018 年 11 月 6 日晚上 8 点，王思聪又一次搅动了微博，和 11 月 3 日
观看 IG（电子竞技俱乐部）比赛吃热狗刷屏不同的是，这次王思聪的微博成了绝
对的主战场，王思聪通过微博发布的 IG 夺冠英雄联盟 S8 全球总决赛冠军的信息
不仅刷新了微博历史上最快破 1000 万转发的纪录，还让王思聪收获了 2100 万粉
丝，顺带引发了腾讯英雄联盟官方的道歉，可谓一箭三雕。截至 2018 年 11 月 8 日，
王思聪 113 万奖金的抽奖微博获得了 1930 万转发，1260 万评论，1610 万点赞，
累计获得 4800 万互动，该微博 2 小时破 300 万转发，1 天破 1900 万转发，成为

微博历史上最快破 1000 万转发、获 2000 万粉丝的微博纪录，甚至都可以申请吉尼斯世界纪录了。可以说，这是一次由抽奖引发的超级营销。

在互联网碎片化的时代，用户不断地被圈层区分，很难有跨圈层的事件发生，而一旦事件跨越圈层就会迅速引爆，成为热点，同时由于渠道的碎片化，用户的要求越来越高，多巴胺越来越难以激发。只有极致的多巴胺刺激才能形成用户行动力的快速转发，进而形成超预期的体验，王思聪 113 万奖金的抽奖微博引发的社交传播就是通过超过预期的奖品刺激实现的。"钱多任性"固然是王思聪这个 IP 的固有印象，但这也是最能撩动用户的方式，之前支付宝锦鲤已经证明，而王思聪则以 113 万的微博史上最高单次抽奖金额刷新了用户的认知，同时高达 113 位的高价值奖品 (1 万元) 中奖名单也不断向用户告知中奖概率之高。因此，113 万史上最高的抽奖金额不仅激发用户的多巴胺，促使用户快速参加，更重要的是引发了社交传播，许多用户将其作为超预期的体验分享给了更多朋友圈、微信群的朋友，实现了微博到微信的跨平台营销，进而也带动了百度、知乎等渠道的跨平台发酵。

当然，普通的短视频制作者没办法像王思聪一样一掷千金，但仅仅是一些微小的福利也能触动粉丝的神经。值得注意的是，如果不是对内容有需求的粉丝，用这种方法吸引来的粉丝流失率也比较高。要做好短视频运营的福利营销，就需要触达用户需求，了解用户想要什么，然后"对症下药"。

8.3.3 关注需求，及时回复

用户观看短视频，就必然会有人评论，表达欲是人类的基本需求之一。如何正确地对待评论，是短视频节目运营者需要思考的问题。评论不仅反映了用户的需求，我们可以根据用户需求对短视频进行调整，使之更符合观众口味；评论也是用户与短视频节目交流的一个窗口，及时回复评论，能让用户产生交流感和互动感，从而更快、更深融入短视频粉丝群体中。

网络一线牵，在评论区营造活跃的氛围有助于吸引更多潜水的人"冒泡"，路过的人留评、关注。比如新华社公众号曾发表过一篇文章《刚刚沙特王储被废了》,有粉丝评论:"总共九个字你们还用了三个编辑?"对此"官方"回应:"那怎么着,一个负责刚刚,一个负责沙特王储,另一个负责被废了。"这个神回复成功在社交媒体上引发一波刷屏,成功圈粉。

扫码观看

《哈哈〈你若成风〉来啦》

部分短视频创作者在节目发展初期,会尽量回复每一条留言,提升节目的评论量,根据观众反馈优化节目质量,拉近与粉丝的距离,提升粉丝的忠诚度,从而彰显节目的号召力。比如抖音音乐人 M 哥,尽管粉丝量已经达到了3000多万,但还是经常回复粉丝的留言,为粉丝演唱所点歌曲,受到了广大粉丝的欢迎与支持。

另外,还要维护评论区,保证评论区的健康有序。现在很多平台都开放了维护评论区的功能,今日头条粉丝数达到 1 万以上就可以对相关的评论进行管理,比如关闭评论,或是对不适宜的评论进行删除。评论区的维护非常重要,我们不是惧怕观点的表达,只是不希望看到没有意义的内容和产生错误引导的内容充斥评论区。如果评论都无意义,用户就会觉得没有必要去表达,就算表达也会石沉大海。如果评论区充满血腥暴力和故意诋毁的言论,其他用户会不齿与这样的人一起讨论,也会破坏评论环境。

据澎湃新闻报道,2019 年 2 月有网民在快手上发布了一段内容为石家庄市灵寿县城区联勤执行武装巡逻的视频片段,一位昵称为"蓝色绅士"的网民在该视频评论区发表了侮辱民警执法执勤的语言文字,随后警方对其进行传唤,该网友也因涉嫌寻衅滋事被处以行政拘留5日的处罚。所以,这样的评论不仅应该删除,而且还应追究发布者的其他责任,为形成一个好的评论环境创造条件。

一些媒体中维护评论区的方法已经被广泛使用。在《纽约时报》的编辑室里,专门有一支小团队负责筛选评论,这支团队由 14 人左右的记者兼职组成,并且有主管进行监督。编辑 Etim 说:"我们要像对待内容一样对待评论。"他们会选择有见识、机智的评论,以及反对观点、少数观点。另外,《纽约时报》还建立了 NYT Picks 板块,集中展现精选评论。

09
第九章

争占短视频"新风口"，争者必"赢"

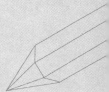

短视频创作，终究是以变现为目的的。常见的短视频创作变现途径，包括在短视频播放前、中、后插入与自身调性符合的广告，引流电商进行带货，以及通过打造个人IP并使IP变现等几个主要方面。

　　归根结底，制作短视频也是一种创业。对于创业者来说，事业上的成就感固然必不可少，实际的收益也非常重要。在这个充满机会与挑战的时代，实现财务自由似乎是每个年轻的创业者的梦想，与其他行业一样，短视频行业同样是实现梦想的摇篮。不同的是，短视频是一个年轻的领域，我们有更多的空间实现财务自由的梦想。

　　短视频处于"新风口"，入局者纷至沓来。虽然看起来火爆，但主要的变现途径无非就是平台补贴、广告、电商和知识付费。而且，短视频领域与其他行业并没有不同：20% 的头部 IP 赚走了 80% 的钱，80% 的生产者不盈利甚至亏损。头部内容和头部平台都已经基本成形，品牌影响力持续扩大，口碑也持续向好。占据流量优势的同时，也占尽了市场优势。对于大多数处于腰部和底部的短视频创作者而言，高额的制作成本并没有换来因流量所得的红利。随着市场逐渐理性，风口的生产者们要考虑的是——如何才能借着风力自由翱翔，把线上的内容变成线下的收益，从而走向自己的财务自由之路。

9.1　插 入 广 告

　　对于大部分短视频创作者而言，广告可能是诸多变现模式中回报最高而又相对靠谱的方式。其中，植入广告和制作品牌定制视频是主要变现来源。成本低、回报高、效果好，广告商愿意为短视频营销砸钱，这为广告变现可行性提供了重要保证。而且，制作出一则成功的广告，不仅能得到一定的广告收入，作为一个优秀的作品，短视频自身也能吸引粉丝，塑造口碑。

9.1.1 与契合自身的品牌合作

插入广告，首先需要与品牌合作。市场上的品牌大大小小，数不胜数，理论上，任何一个都能成为短视频的合作者和广告商。然而，每个短视频团队都有依据自己视频内容制定的一套广告选择标准，并非来者不拒。这套标准，最重要的一个词就是"契合"。

所谓契合，就是要在题材内容、形象气质等方面合适。有一些短视频契合面广，有一些则只能与某些品牌达成合作，这需要分类讨论，而分类的依据就是短视频的题材。搞笑和娱乐类的短视频，契合面比较广，能够和众多主流品牌进行合作，基本上不存在碰壁的情况。而母婴、教育、美妆、数码等等专门领域的、垂直度高的短视频，大多只能和该领域内的品牌进行合作，为其制作广告。最主要的原因还是粉丝群体的差别，专门领域的短视频粉丝群体更关注领域内的知识和动态，对其他品牌的兴趣不高。不契合品牌的短视频，粉丝不买账，评论、点赞各项指标直线下滑，直接影响短视频点击量和口碑。对品牌广告主来说，不契合的投放导致关注该品牌的粉丝没有看到广告，不关注该品牌的粉丝看到了广告却不买账，广告的效果基本为零。可见，契合是多么重要，在数码类短视频中投放美妆广告，即使该短视频节目在平台播放量排行第一，也几乎不会带来收益。

papi 酱是最受欢迎的搞笑类短视频制作者之一，与她合作的品牌十分广泛。2017 年，papi 酱以及她的 Papitube 团队，与 155 个品牌广告主进行了合作，这个数字由 papi 酱官方盖章认证。品牌包括新百伦、汉堡王、荣耀、林肯汽车、纪梵希、惠普、京东、Kindle、百词斩 App、东风日产、快乐男声、newa 美容仪、多芬、网易考拉、日本资生堂、九阳、搜狗输入法、亚航、工商银行、电影《喜欢你》等等，可谓是全领域通吃。从车企到美妆、从手游到教育，papi 酱和她的 Papitube 团队横跨多个领域将各大品牌收入囊中，可见 papi 酱一手独创并得以衍生的鬼畜风格三年来热度未减，仍然令投资人为之着迷。

混乱博物馆专注做一些泛科普的小知识视频，比如有科普光年的节目《光年不止是长度》、科普两百多年前印度尼西亚的坦

扫码观看

《# 实力科普 # ［人类的体温为何是 37 度]黄金体温。》

博拉火山对于欧洲两大艺术和文学变革史的影响的《无夏之年》、科普"莫德尔球"的《一种新的穿越方式》，以及带人欣赏文艺复兴画家小汉斯·霍尔拜因的著作《大使们》的《大使们的骷髅》等等，视频主题范围非常广泛，包括物理、化学、数学、生物、美术等等。这种科普类的短视频节目，粉丝多是受过高等教育的、对科学知识有所追求的群体，虽然粉丝面比较狭窄，但是精准而有深度。因此，混乱博物馆运营者刘大可接受了最契合的广告合作——各色DNA的基因检测产品。对于普通大众，基因检测似乎并无很大吸引力；但对科学爱好者，基因检测就是一项可接受的选择。

9.1.2 内容为主，植入不露痕迹

内容是第一生产力，广告植入不能损害短视频的内容，否则会对整个短视频节目造成影响。因此，避免"硬广"，让植入不留痕迹就成为制作短视频的必修课。想要达到这样的效果，关键靠创意。以下几种植入方法已经被广泛运用。

台词植入。是指通过演员的台词把产品的名称、特征等直白地传达给观众，这种方式很直接，也很容易得到观众对品牌的认同。不过在进行台词植入的时候要注意，台词衔接一定要恰当、自然，不要强行插入，否则很容易让观众反感。papi 酱就经常以脑洞大开的方式口播广告，这种方式不仅延展了视频的故事性，也很好地宣传了产品，可谓一举两得。而观众也丝毫不觉得尴尬，反而觉得很有趣味。比如她为奥克斯空调做的短视频《买题吗？新到的爆款习题》，就是借势高

扫码观看

《买题吗？新到的爆款习题》

考，用卖化妆品的方法来卖学生练习题，将奥克斯空调的广告植入短视频中，让人在会心一笑后记住了奥克斯空调是采用互联网直销、没有层层加价的营销特点。

道具植入。这种植入方式比较直观，就是将需要植入的物品以道具的方式呈现在观众面前。很多短视频节目都是用这种方式来达到品牌宣传的目的。不过在这种方式中，如果太频繁地对道具进行特写，也会让人不适，因为一看就是在做广告。综艺节目《挑战的法则》中，公牛装饰开关熟练运用了道具植入，借助LOGO、道具露出等多样化的曝光形式，甚至在嘉宾闯关的关键环节，象征挑战完成任务的大门上，也装有公牛装饰开关作为闯关重要道具。这样将公牛装饰开关的品牌属性与节目充分融合，让观众能够在充分享受节目内容的同时"无意识"地接受广告。

场景植入。与道具植入不同，这种方式把品牌融合进场景中，通过故事的逻辑线条使品牌自然显露。比如在热播剧《我的前半生》中，海尔就为女主角罗子君定制了一套智慧家电。在第 20 集中，老金带了一堆食材到罗子君家，他边打开冰箱边念叨："你看你这个冰箱，还有干湿分离的功能，你像那个茶叶什么的，你一定得放在这个干区里，还有面包、那个水果牛奶，你放在这个湿区里……"这种场景植入的形式凸显了海尔冰箱的干湿分储功能，非常自然，可以说非常成功。

奖品植入。它是在短视频中通过发放一些奖品来引导观众关注、转发、评论的方式。这种方式非常普遍，也是短视频博主经常用的一种广告植入形式。比如发放某个店铺的优惠券、某个产品的代金券，或者直接将某些礼品送货到家等。微博视频博主铁馆教练"借花献佛"，有一期给荣耀 9 打了一个广告，而且还在转发的粉丝里面抽取三位，向其赠送荣耀 9 的手机，收到了很好的广告效果。

9.1.3 幽默植入，让人欣然接受

喜欢幽默是人的天性。全民娱乐时代，只要能够提供娱乐，即便是广告也能让人看得津津有味。只要植入足够机智幽默，广告不仅不会让观众反感，反而能

让他们欣然接受，甚至会受到喜爱和追捧。

　　孟天乐 2019 年发表在《经济研究导刊》上的《社交媒体内容营销的现状及发展趋势分析》一文中曾提及《人类实验室》这样一个节目，该节目一直以来都有很多用户关注，而且时常可以推出"爆款"短视频。其节目形式以搞笑街采为主，但通常不是简单的搞笑，而是会落点到一个主题，如一个社会热点现象，或一个通常被大多数人忽视的问题。比如有一期节目是主持人翻找小区垃圾箱里的快递包裹，打通快递单上的私人电话，假冒快递员上门（地址也很详细），来记录人们的反应，借此提醒人们注意保护隐私信息。此节目上线后随即被很多大号转发，最终上了微博热搜榜。《你知道吗，其实有人一直偷偷爱着你》这支短视频，与三九感冒药合作，采取单集定制＋植入的形式，运用多人物多线索叙事＋结尾反转手法，制作成完整的 4 分 30 秒情感微电影，达到了很好的植入效果。针对三九感冒药的营销需求，这个团队走了一条更加温情的路线，同时从整个剧本的策划上，也可以看到几个人物几条叙事线索的同时推进，起承转合的节奏点也控制得很好，开头有悬念，结尾有反转。可以在 4 分 30 秒里完成如此复杂的叙事，可见团队的脚本功力非同一般。而在品牌与节目的结合上，虽然产品和品牌形象只出现在了结尾处，却令人印象深刻。从用户观看心理分析，4 分 30 秒的微剧看起来意犹未尽，在片尾也多会久久停留。

　　2018 年在艾美特取暖器上市之季，品牌方与辣目洋子在短视频领域合作，通过一组名为《防寒保暖宝典》的幽默短视频，花样展示了"电器取暖""钻木取暖""空调取暖""抖动取暖"4 种不同取暖场景，从不同角度阐释不同取暖方式的优缺点，再通过辣目洋子一人分饰 6 角，以风趣幽默、诙谐搞笑的方式，将艾美特地暖的产品特点和优势以对比的形式巧妙地植入到 4 种不同场景之中，如用空调取暖干燥，容易上火，非常耗电，来突出艾美特地暖的温和、节能等优势，有效地提升了新品的知名度。该视频总播放量超过了 1843 万。

9.2　引流电商

虚拟经济必须有实体经济来支撑，这句话在短视频行业同样适用。总体来说，用户对实体商品的消费意愿依然高于虚拟商品，短视频的互联网经济必须与实体商业相结合，才能走出稳定持续的变现之路。2018 年，短视频行业驶入了商业变现快车道。其中，短视频平台动作最为频繁，抖音、快手纷纷进行电商布局。网络红人在电商上加大精力投入，建立个人主页电商橱窗、购物车、小店等，或通过直播进行卖货、电商导流。随着大平台进入，短视频商业化所倚靠的基础设施得以搭建起来，借助电商这一路径实现商业化也就相对容易很多。

9.2.1 抓住机会，拥抱电商

2018 年，带火了答案茶、小猪佩奇手表、耳朵会动的兔子、吹萨克斯太阳花等产品的抖音显露出得天独厚的电商基因，而 2017 年不少"老铁"自行卖货也验证了快手的电商能力。现今红人店铺、购物车、边看边买功能已经成为各大短视频平台的标配，只不过在展示及名称上存在一些差异。

2018 年"双 12"这天，坐拥 2900 多万粉丝的抖音红人七舅脑爷，联合 108 个品牌在抖音上进行了一场直播卖货首秀，挑选了 99 家供应商的 99 件低价商品放到个人商品橱窗售卖，从晚上 7 点到第二天凌晨 1 点长达 6 个小时的直播里，在线人数最高达到 33 万，中间还因为人数过多而中断，总成交额超过 1000 万元。这只是"双 12"抖音平台上带货直播中的其中一场。抖音购物车 Top 100 账号当日开播带货直播 130 场，最高单场观看超 1000 万人次。为了配合"双 12"，抖音在 12 月 8 日—12 月 14 日推出了市集活动，活动主要包括参与话题"抖音市集"并发布购物车视频及报名参加"双 12"主会场，增加商品曝光，商家可同时参加两个活动，也可二选一。另外，还有优惠券活动和限时抢购活动。而"双 12"前一天，抖音还全面开放了购物车功能。根据《抖音购物车双十二"剁手"战报》，最终"抖音市集"活动曝光量超 12 亿，参与人数破 100 万。"双 12"全天，抖音为淘宝、天猫带来超过 120 万份订单。通过抖音购物车的分享，Top 50 账号促成淘宝天猫的成交额超 1 亿元。

抖音并不是第一个加入购物节的短视频平台。早在"双 11"前，快手就举办了"快手卖货王"活动，数百名红人通过短视频和直播的形式卖货，其中拥有 4000 多万粉丝的快手红人"散打哥"创造了 3 小时带动 5000 万元销售额的纪录：1 分钟卖了 3 万支单价 19.9 元的两面针牙膏，总销量超 10 万单；十几分钟售出近 10 万套 59 元的七匹狼男士保暖内衣；1 万台售价 658.9 元的小米红米 6 手机秒光……仅 11 月 6 日当天销售额就达到了 1.6 亿元。其他红人诸如"大胃王猫妹妹"一晚上卖出了 3 万盒酸辣粉；"娃娃教搭配"一件 78 元的毛衣几分钟就突破 1000 单，一款亲子装毛衣也分分钟突破 1 万单等等，让外界看到了短视频惊人的带货能力。

传统电商也早就看上了短视频的巨大潜力，进行提前布局。2016 年 8 月，淘宝推出"淘宝二楼"产品，从晚上 10 点开始，手机淘宝下拉页面就变成与淘宝风格十分不同的神秘"小剧场"，早上 7 点便会神奇地消失。根据淘宝的官方说法，"淘宝二楼"这个产品专门针对年轻的夜猫子。淘宝大数据显示，晚上 10 点是淘宝一天流量的高峰时段，同时淘宝的消费者有 35% 为"90 后"，并且这一比例在晚上的高峰时变得更高。为了抓住这些年轻用户，淘宝便精心设计了专门在这个时段推出的内容营销短视频产品。"淘宝二楼"第一季共推出了两档栏目，第一档栏目为《一千零一夜》，主打美食类短视频，共 16 集，主推商品均为生鲜食品。第二档栏目为《夜操场》，主打军旅硬汉类短视频，共 7 集。主推商品包含了厨具、家纺、快消品、服饰内衣、鞋靴、箱包等多品类。《一千零一夜》第二季共 10 集，商品扩散到全品类，囊括服饰、花鸟、食品、家居等多个行业，开篇上线的是服饰行业的内衣栏目。

扫码观看
《一千零一夜》

淘宝二楼《一千零一夜》，秉持着"美好的物品能治愈"的理念，打造自己的世界观，形成完整故事串联，以商品为主角，进行连续性的内容生产。比如《鲅鱼水饺》让人吃出了家乡的味道，《巨人赌约》讲述伊比亚火腿的"匠心"，两小时内售罄；《百香草之梦》讲述考场中焦虑的少女爬上天梯，喝了一杯解乏香草；《同学会》讲述了四个身怀绝技的高人借美食叙旧消愁；《心灵鸡汤》又代入了互联网创业者的奋斗历程。每一个故事都是一个独特的片段，都能以美食为引子，映射一个年轻群体内心的纠结与苦闷，又通过美食轻松化解，其创意让人折服。

随着短视频平台的电商化和电商平台的短视频化，短视频电商的时代真正来临了。可以预见，未来消费者的购物选择必将被短视频所影响甚至所决定，抓住这次机会，拥抱电商，是短视频制作者的不二之选。

9.2.2 热点宣传，品牌加持

在这个短视频当道的时代，不仅个人在努力实现自身价值的商业变现，企业也在通过自身平台寻求更多的商业利益。小品牌可以蹭热点，通过网络短视频推广迅速打开知名度；大品牌可以利用明星效应，通过网络短视频引爆粉丝热议，获得更多的关注和销量。

扫码观看
《一杯便知答案茶》

比如，以好奶茶（产品）+ 场景营销（社交）为卖点的答案茶，充分运用占卜抓住了顾客的心理，用好奇心理和从众心理展开了一场漂亮的营销。2018 年上半年，《前任 3：再见前任》《后来的我们》等多部都市爱情电影推出。在怀念前任的大众情绪下，答案茶推出了"他爱我吗""那个人知道我有多爱他吗"的占卜抖音视频，引发了年轻人共鸣，百度指数于 3 月中旬到达高峰。各平台都开始自发出现跟答案茶相关的趣味视频。如爱奇艺上就有一个以女性视角拍摄的短视频《一杯便知答案茶》，让人在忍俊不禁的同时，记住了"答案茶"这个品牌。如今，与答案茶相关的内容已在抖音上拥有超 4 亿点击量，自其在抖音走红后，两个月内，答案茶热度不断蔓延，加盟店从 0 家猛增至 249 家，甚至成了抖音的经典营销案例。

抖音作为平台方并未给予答案茶特殊流量倾斜，答案茶在抖音上的流量是原生内容自发传播的结果。年轻人更有时间、精力，在社交媒体上比较活跃，而答案茶本身具有明显的社交属性，其中的问题和答案都具有很强的话题性和噱头，本身可作为广告来传播。这也就是为什么它不需要花更多的钱，只凭在抖音上的几个短视频，就有数百个商家询问如何加盟，它的话题度、内容性、差异化让其商业价值显而易见，嗅觉灵敏的商家已经先下手为强。毕竟，一间自带话题热度、传播特质、内容创新的奶茶店，谁都能看到它的市场潜力。

大品牌自带品牌效应，即使不去蹭热点，通过明星 IP、高水平的设计团队和营销团队，制作出的短视频也很容易引爆社交热点。以 adidas neo 为例，背靠着 adidas 这一世界一流的运动品牌，其在短视频营销方面具有先天的优势。而由 adidas neo 与易烊千玺所发起的一波明星限定款在社交媒体所引爆的空前热议及其背后的营销"神操作"，可圈可点，值得学习。

扫码观看

《# 易烊千玺 adidas neo# 跟随 adidas neo 首位》

2017 年，全球著名运动休闲品牌 adidas neo 与"流量级"代言人易烊千玺的创意官限定合作系列可谓将明星合作玩出创意新境界。作为 adidas neo 全球首席青年创意官易烊千玺在时尚界的第一次小试牛刀，该系列从设计灵感到元素都展现出了千禧一代的创意哲学与潮流态度，用"请严肃出来，然后严肃出去"一句看似正式、实则有趣的标语为设计元素，街舞为设计灵感，配以刺绣热印等工艺，打造出一款真正意义上的爆款产品。

随着线上平台销售的开启，不到 1 分钟，3600 件千玺上身款在官网及天猫店铺全部售罄，5 小时内全部单品售罄，仅线上销售就达成 223 万元，创造了销售奇迹。而线下门店更引发粉丝通宵排队抢购，难怪有粉丝表示，拼的不是手速而是命，买到千玺同款感觉像是中了乐透彩票般幸运。除了受到粉丝的追捧，该系列亦在潮流圈引发热议，《时尚芭莎》《时装》《芭莎男士》《红秀》等国内主流时尚媒体纷纷报道，潮流博主 gogoboi 等都在其社交平台参与话题讨论。

在青年创意官限量系列上市前夕，adidas neo 以一条悬疑微博为起点，将一款充满"严肃精神"的特制门牌悬挂在不同形式的门上引爆粉丝热议。在产品上市前一天，易烊千玺在其个人微博官宣发布的一条"00 后粉丝"所喜闻乐见的二次元视频更是引爆社交热点。配合线上宣传，adidas neo 全国 468 家线下店铺同步发售，更以该系列印花文字为灵感重新装扮，使粉丝不仅可以在这里买到限量版产品，更可以在店铺内感受到满满的千玺元素，满足粉丝近距离接触偶像的需求。

值得一提的是，adidas neo 此次以微博作为主战场进行宣传，6 月 21 日搜索易烊千玺便可在微博首页看到易烊千玺创意官限量系列产品信息，使品牌不会错过任何千玺粉丝，当日 adidas neo 更在 6 个广受年轻人喜爱的 App 平台投放开屏，使传播更为广泛。

9.2.3 带货"种草"，必不可少

在这个买买买已经成为部分人的"人生信条""精神鸦片"的时代，《2017 年最值得种草清单》《10 款网红奶茶大评测》等"种草"评测类文章层出不穷，从各大 App 试用报告到淘宝头条，从知乎问答到微博长图，2017 年更是"种草"评测类短视频的元年，各领域博主通过开箱、试吃、试用、试玩，提供给观众相比图文更直观的体验感受。"种草"博主如雨后春笋般冒出，主要集中在时尚美妆等垂直领域，他们的粉丝量级在百万左右，具有一定的垂直影响力。但垂直也是"种草"类博主发展的一大限制，对于某领域来说，目标用户人数基本不会有大的提升，但会被越来越多的博主瓜分流量，并且长期的同品类推荐也会使用户产生审美疲劳。关于这一点，Bigger 研究所成绩十分突出，它的"种草"评测涵盖食物、美妆、车、电子产品、日用品、家电等生活中的各个领域的优质好物，能满足所有热爱生活的年轻人的好奇心。

Bigger 研究所由所长（郎靖和）和社长（孙天一）在 2016 年 10 月共同创立，在 Papitube 矩阵中进行孵化，在短短一年多时间就做到了"种草"评测类短视频数据的第一。2018 年 1 月 25 日，所长（郎靖和）获得了今日头条主办的金秒

奖最佳男主角，他所在的团队
Papitube 也获得了金秒奖最
佳短视频团队奖。他们的成功
首先是找到了合适的定位，也
就是用格调轻快的视频做优质

扫码观看
《香水入坑指南，
香水应该喷哪里？
前中后调是什么意思？》

好物的分享评测。所长认为，"种草"评测始终是一个流量的聚集口，但此前的
图文评测承载的信息量有限、可感知性也很弱，所以将"种草"评测向短视频升级，
打造短视频电商，就能实现信息的集中化，可感知性也会得到提升。

短视频电商模式的优势在于，内容即商品。每一个优质内容联结着每一个优
质产品，并且能够提供给用户低价、便利、一站式的购买体验。在这个时代，电
商的核心竞争力一是产品本身，二就是消费体验，而这两点 Bigger 研究所都可
以通过自己的视频内容直观地展示在用户面前。目前，Bigger 研究所已经开了两
家网店，分别是 Bigger 便利店和 Bigger 零食店，两个店铺和视频一样，可以涵
盖生活的方方面面，不需要局限于某一品类，无论是从用户体验还是内容扩展的
角度来看，都让这一模式的生命周期更长，更有生机。Bigger 研究所从很早就
进行了电商试水，但他们并不急于盈利，而是在培养有黏性的粉丝受众。零食店
和便利店的产品都是找到稳定的供货商来供货，没有多余成本与代理商差价，所
以提供的产品价格都是全网最低的。这一优势也是他们高转化率的保证，形成了
粉丝在 Bigger 研究所的视频中"种草"以后，接着在 Bigger 零食（便利）店购
买的一站式"种草拔草"模式。从用户量级来看，Bigger 零食店的淘宝粉丝数
在 27 万以上，便利店粉丝也近 10 万。数据方面，举几个爆款例子来看：大朴毛
巾评测视频发布后，备货 800 多套 16 小时售罄，当月共销售 6000 多套，销售额
36 万元以上；小火锅评测视频带动店铺及周边 7 天内总体销售额达 50 万元，共
计销售小火锅套餐 8000 多套，单个 SKU（存货单位）销售额达 110 万元。目前
零食店和便利店的月流水都在百万元以上，店庆当天 1 分钟销售额就达 20 万元，
当天销售总额达 50 万元。有赞商城上的店铺流水也能达到淘宝的三分之一，已
经实现盈利。

总结一下，现在短视频电商主要有三种模式。大部分短视频创作者采取的都是"淘宝客"的电商模式，即帮助商家销售产品，赚取一定的佣金；再者就是自建电商平台，或在淘宝上开设自己的店铺，从供应商那里拿货赚取差价；还有一种就是自营品牌电商化，创建自有品牌，开店卖自己的货。"一条""日日煮"便属于自建电商平台一类；Bigger 研究所、nG 家的猫则开了淘宝店；而李子柒、野食小哥打造了个人电商品牌，将视频中的美食放到淘宝店铺卖。相比第一种，后两者的盈利空间更大一些。联想到微博红人雪莉、张大奕创办自己的电商品牌赚得盆满钵满，可以预见的是，未来将有越来越多的短视频红人发展个人品牌电商。

9.3 塑造 IP

品牌不一定是 IP，但是 IP 一定是品牌。广告和电商，都只是维持运营的手段，使短视频拿到运营资金，顺利活下去。然而想要真正实现长久盈利，持续变现，就只有塑造 IP，将短视频品牌化。

9.3.1 打造 IP，身价倍增

有人说短视频本质是新型的电视台，但其实短视频形态更像是传统杂志，用户按需订阅，在碎片化的时间里消费内容。目前短视频正处于爆发阶段，而短视频未来的一个发展趋势就是去中心化。所谓去中心化就是生产门槛会逐渐变低，有越来越多人涌到这个行业，内容越来越丰富，优质内容持续增加。在内容的汪洋大海里，品牌化的内容才有价值，才能不被淹没。简单来讲，就是用户看到内容之后就对节目有认知，并进一步转化成粉丝，再进一步变成用户。这个过程，就是打造 IP 的过程。而一个好的 IP，能让你身价倍增。

传统媒体时代，IP 打造高度依赖于高投入、大制作，基本被大公司垄断。比如迪士尼就是商业品牌 IP 的典型代表，它通过在影视、游戏、动漫、乐园等方面的巨大投入，实现了巨额 IP 价值的综合变现。而新媒体时代，打造 IP 的门槛大大降低，以"僵小鱼"为例，一个小团队通过持续的短视频输出，在头条号上积累了 500 万粉丝，从而为 IP 打造奠定了基石。在过去，这是不可想象的。

《16 亿次点击　碾压 papi 酱　僵小鱼新兴 IP 之路》中的僵小鱼，身着清装，头带鱼刺，以反差萌的僵尸形象讲着萌贱又治愈的故事。同时，也为风鱼动漫吸引了 3000 万元融资，使公司拥有 1600 万粉丝。这个小僵尸之所以能取得这样的成绩，僵尸形象的反差萌、符合碎片化需求的短视频形式，以及不急于

扫码观看
《叫我僵小鱼　日常篇》

变现、主打感情的运营路线都是重要原因。2014 年，《僵小鱼爱吃鱼系列》《僵小鱼之万圣节》《僵小鱼魔术时间》等 CG（computer graphics）动画作品开始在优酷网陆续发布。本意以僵尸 IP 和上班族话题吸引"70 后""80 后"受众的徐久峰没想到，轻松治愈的僵小鱼形象带来了一种反差萌，并带来了大量的"90 后""00 后"粉丝。这些粉丝自称为"姜丝"，他们被反差萌的僵尸形象感染，并通过邮件等方式向徐久峰传达着对作品的期待和支持。凭借口碑传播，动漫作品《叫我僵小鱼》曾连续两周在企鹅号自媒体排行榜夺冠。凭借作品的良好表现，风鱼动漫在 2016 年 4 月，完成了来自零一创投的天使融资，在 8 月完成一轮天使 + 融资，由资方厦门飞博共创投资，11 月完成 pre-A 轮融资。2017 年，僵小鱼已为公司带来超过 3000 万元的融资，《叫我僵小鱼》动画已累计更新 40 余集，僵小鱼也获得了"金秒奖"最佳动漫角色。

市场化运营后，僵小鱼就不再是徐久峰的个人作品，它需要新的表现形式和量产。2016 年初，徐久峰自立门户，成立了风鱼动漫，主营僵小鱼系列短视频和线上线下衍生品的制作和运营。风鱼动漫成立之后，徐久峰开始组织团队，对僵小鱼形象实施商业化运作，主要包括系列动画短视频和壁纸、表情包、手办等线上线下衍生品的开发。徐久峰表示，风鱼动漫不只是动漫公司，IP 孵化也是一项主营业务，而僵小鱼就是公司目前的核心产品。为了开展僵小鱼 IP 的孵化运营工作，风鱼动漫成立了编剧团队，负责长故事的制作和构思。截至 2018 年底，风鱼动漫全网粉丝已经超过 4600 万，《叫我僵小鱼》播放量突破了 65 亿。而在与僵小鱼世界观统一的基础上打造的僵小鱼网剧、第三季校园篇、蒲小满的田园风系列剧也即将推出。

9.3.2 深耕个人 IP，品牌变现

传统媒体时代，个人 IP 的典型代表是明星。明星 IP 所有方与企业、品牌和广告主构成了一个利益循环圈，普通人只能以消费者的身份参与其中。随着"网红"这一职业的兴起，越来越多的普通人加入打造个人 IP 的行列当中，不仅提升了个人的知名度，还带来了商业价值，许多"网红"因此获得了巨大的经济收益。

然而，利用个人 IP 的影响力，以"商业广告"和"直播打赏"来直接获得经济收益，很容易折损粉丝的好感度，无异于杀鸡取卵。即使是开设淘宝店，由于多数网红是与供应商合作，并不参与品牌经营，其售卖的商品并没有明显的个人属性，销量并不会太高，也难以走得长远。

因此，想要获得更大的经济利益，还需要深耕个人 IP，全力打造个人品牌。以美食视频头部博主李子柒为例，虽然 2016 年凭借"古风类美食视频"在市场中脱颖而出，获得了超高的人气和关注度，但李子柒并不像其他短视频制作者一样急于进行商业变现。她一心一意打造着自己的 IP，将自己的名字变成了一个值得信赖的品牌，身价也随之水涨船高。

2018 年 8 月 5 日，李子柒宣布打造她的个人品牌，并在同年 8 月 8 日发布了第一款产品——与"朕的心意 I 故宫食品"联名的苏造酱。他们通过内容和产品上的结合，共同打造消费者喜爱的健康美食产品，拉近传统文化与广大年轻群体之间的距离，进一步传承经典美食文化。市场上的辣酱千变万化，各有不同。这款辣酱比较特别，来自清宫御膳房，是流传百年的宫廷风味，还有个极具历史感的名字——苏造酱。在产品设计上，李子柒进行包装新演绎，为喜欢中国历史文化，同时追求时尚和生活品质的年轻人及家庭量身打造。采用古代书法字体，故宫最具有代表性的朱砂红，外加上李子柒的品牌元素，将昔日宫中的风味进行更好的视觉展现，使传统美食得到了更具个性、更有文化价值的传播。

8 月 17 日，农历七月七日，她的同名天猫店铺正式开业。上线 3 天之后，这个仅有五款产品的店铺销售量破 15 万、销售额破千万，成绩十分傲人。不仅如此，用户评价也十分活跃。除了"即食燕窝"因为还是预售没有发货之外，其他三款产品都收获了潮水般的好评。比如"苏造酱"的评论区中，"好吃死啦""包装很好看""用料用心"等等标签十分显眼，下方的每一则评论大多长而且用心：

扫码观看
《[李子柒] 手把手教你如何做出正宗的兰州牛肉面》

　　"守着整点抢的酱，竟然还是没有抢到扇子，只能说大家手速太快了，李姐姐人气爆棚。"

　　"喜欢子柒很久了，从夏日的黄桃罐头到冬日的柴火鸡，都让我念念不忘。"

　　"关注子柒好久了，知道子柒开品牌店的时候第一时间定点闹钟抢，收到打开时感受到了子柒满满的心意。"

谈及为何要做自己的品牌、开这么一家店，李子柒这么写道："机缘巧合之下结识了些传统文化的传承者，故宫食品、胡庆余堂，还有些非遗手艺人。深入接触了解下来，发现他们真的很走心地在做一些有趣的事情，把传统文化时尚化，让新一代年轻人有中国自己的文化自信。" 她就这么萌生了做一个"新传统 慢生活"的东方美食文化品牌的想法。李子柒以中国传统饮食文化为背景，重拾老祖宗留下的美食精髓，创造了独具东方风情的美食品牌。

2018 年 11 月，李子柒品牌产品苏造酱于上海盒马鲜生线下店顺利上架，正式入驻新零售渠道。总的来说，这是一次电商 IP 品牌在新零售领域的成功探索，有利于李子柒品牌在线下领域打造自身产品的延伸价值，同时，也有利于形成三赢的局面。对于消费者来说，线下门店可亲眼看见实物，又可提高配送效率，从而提升消费体验；对于李子柒品牌来说，避免了多余的线下宣传和开设门店资金的浪费；对于盒马鲜生来说，不仅可以增加快递这一方面的收入，还可依靠李子柒数千万的粉丝群体和品牌本身的知名度引流，让店铺人气增长，更具特色和竞争力。

9.3.3　创造衍生产品，轻松吸金

IP 内容的持续创造，是一个 IP 存活的前提。吕曦在《IP 三部曲之三：IP 运营衍生》一文中曾给过一些建议和参考。在他看来，IP 内容是直接可以变现的，将原来某种形态格式的内容，转化为其他形式发行，如原来是影视作品的，转成

小说、音乐、游戏……这是 IP 内容变现最直接的手段。IP 内容变现有不同的衍生路径，有些衍生的路径顺行可以，逆行就很难成功。对于何为顺行、何为逆行，各有各的说法，其实皆无定论。非常典型的例子是影视剧和游戏之间的内容衍生，更多的是影视 IP 的游戏化，游戏成为影视变现的手段。《花千骨》就是其中比较成功的例子，在电视剧上映之前，制片方就提前准备好同名手游。《花千骨》播出后两个月，即成为首部网络播放量破 200 亿的电视剧，同名手游收入也借力位列同时段第一。类似的例子还有《仙剑客栈》，第一季播出至 23 集已获近 3 亿播放量，同名手游也获得百度指数搜索超 11 万、iOS 畅销游戏榜前十的成绩。《老九门》手游借助爆款剧上线后三日，新增用户超过 100 万，App Store 畅销榜排名第 5 名。

　　而 IP 的消费品衍生，则是目前在中国最不成熟的 IP 运营衍生环节。IP 消费品是除了 IP 内容发行收入之外的围绕 IP 全方位衍生出来的消费品。目前，围绕 IP 内容开发的 IP 消费品种类涵盖各类生活用品，如服装、家具、玩具、文具、轻工产品、工艺品、电子产品、食品、日用品等。由于 IP 消费品与 IP 内容强烈的联系和鲜明消费特征，使其在 IP 粉丝群体中拥有极强的变现能力和品牌效应。

　　但是，IP 消费品衍生，在国内不仅意识薄弱、没有前置启动概念，更重要的是，缺少研发能力和完善的产业链，这使得 IP 的消费品衍生无法做到吻合主题、创新有趣，品质和及时生产也无法保证。于是出现一个 IP 热但衍生消费品一阵风的短命现象。例如："《爱情公寓》怪兽睡衣""《欢乐颂 2》安迪最爱""《人民的名义》书记同款矿泉水"……几乎每部现象级内容都会引发一系列 IP 相关的热议，但这一轮热潮往往很快会随着新剧的上线而快速衰退。有的热门内容的 IP 效应在多维度发散后可对内容再度形成流量刺激，但这些消费品衍生都是临时起意，部分还是为了蹭 IP 热点，没有决心持久投入，完善亦无计划性。

　　IP 的跨领域衍生设计应该是前置的，在执行前就充分考虑，缺少提前设计的 IP，在后期执行的时候都很难强行衍生到新领域中。这里我们不得不提迪士尼对消费品衍生的重视，以及其能力及变现模型。迪士尼成功最核心的逻辑是：IP 积累 +IP 消费品开发能力 + 全产业链布局。迪士尼的商业逻辑可以简单描述为：迪士尼在家庭动画和实景电影方面具有核心竞争力（来源于数十年的 IP 资源积累功底），通过把电影人物和形象投放变现在消费品业务上（来源于消费品开发能力），从而进行商业变现，并使得这些资产可以作为电影的补充，或者作为电影价值链的延长。我们以 2014 年迪士尼大卖的经典 IP 剧《冰雪奇缘》为例：热门 IP 消费品的销售额几乎与票房相当。迪士尼公司的动画电影《冰雪奇缘》全球热映后，女主角艾莎公主 (Elsa) 娃娃在美国的销售额达到了 2600 万美元，电影中主人公安娜和艾莎所穿的同款服装"公主裙"在全美一共卖出 300 万条，该裙每条售价149.95 美元——也就是说，光卖裙子，迪士尼就获得了约 4 亿美元的收入，与《冰雪奇缘》北美票房几乎一致。

国内的同道大叔也是一个 IP 衍生品运营比较成功的例子。全网粉丝达 5000万的同道大叔，从 2014 年在微博发布"大叔吐槽星座"系列漫画而走红，用诙谐幽默的文字配图及犀利的视角，以吐槽十二星座不同缺点和"水逆①"话题为主，诸如"千万不要和水瓶座恋爱""如何制服天蝎座""男友爱上了闺蜜"，吸引了大量"星座控"网友的关注，被网友称为"正中要害"。2015 年同道大叔开通微信公众号，引爆朋友圈，同年创立了深圳市同道大叔文化传播有限公司，推出同道大叔和 12 星座卡通形象，2016 年开始集团化运营。目前日均优质内容传播650 万次，单日转发 30 万次，从火爆社交网络到发展成星座领域的超级 IP，媒体价值超 4.5 亿元。

同道大叔除了设计独特的同道十二星座萌宠形象，还不断丰富内容形式，如推出系列视频、栏目化运营，而且开发了系列衍生品，包括十二星座条漫杯、星座氛围灯、热水袋等既有颜值又有性格的产品，并营造社交空间，举办社群互动活动，同时涉及文化娱乐、授权、实体经营和跨界合作等业务，构建 IP 商业化运作生态圈。2018 年在 IP 形象上升级，推出同道 baby、潮酷、时尚流行等个性化形象。作为中国原创的具有商业价值的 IP，同道大叔通过 IP 授权、社会化传播、

---

① 水逆：水星逆行，网络流行词，指水星逆行而导致运势不佳。

跨界合作等形式，提升 IP 变现能力，并期望为合作双方共同创造价值。目前相继与百丽国际、良品铺子、江小白、民生银行、滴滴出行、唯品国际、资生堂、雅丽洁等多家企业开展合作。2017 年与百丽国际合作，就是传统企业与互联网 IP 跨界的一个尝试。在产品上授权 IP 形象，推出以"变·成自己"为主题的同道 & 百丽联名款，配合百丽官网的推广，于京东首发，在天猫开展主题营销活动；在全渠道推广上，设计同道十二星座宣言海报，在深圳地铁 1 号线以"十二星座·变"为核心内容进行创意包车，同时一改往常产品宣传片风格，由《穿越故宫来看你》词曲作者"头牌音乐"量身打造潮酷 MV《变成自己》，并制作创意 H5 推广，在线下以创意主题进行包店，形成线上线下有效的联动。据悉，2017 年同道大叔星座买手团和衍生品业绩已破亿。2018 年，其微信与社交小程序挂钩，开辟了同道试用，引入新品牌，并针对星座生日的小程序，与衍生品做了链接。

目前，短视频 IP 衍生产品方面还相对较弱，尤其是拍摄类短视频，有一定的难度。但是机遇和挑战并行，相信只要努力耕耘自己的 IP，总会有创造衍生品轻松吸金的那一天。

参考文献

[1] 中国网络视听节目服务协会．2020 中国网络视听发展研究报告 [OL]．[2020-10-14].https://wenku.baidu.com/view/733e96ce3e1ec5da50e2524de518964bcf84d29c.html.

[2] 马世聪．短视频之争，谁将笑傲江湖 [J].互联网经济，2017（4）.

[3] 陈蕊蕊．消费文化语境下网络娱乐短视频研究——以"何仙姑夫"短视频为例 [D].济南：山东师范大学，2018.

[4] 感人短片：母亲儿子春节只能在月台见三分钟，儿子见面却背乘法表 [OL]. [2019-01-16]. https://www.bilibili.com/video/av40838766/？ spm_id_from=333.788.videocard.15.

[5] 吴晶晶．初探微电影广告创意策略 [J].新闻研究导刊，2018（5）.

[6] 兰德华．"短视频侵权第一案"搅起"著作权"之辩 [OL]. [2018-09-25]. http://www.ncac.gov.cn/chinacopyright/contents/4509/385399.html.

[7] 运营篇，企业短视频账号该如何定位？[OL]. [2019-09-18]. http://www.ermacn.com/news/duanshipinganhuo/235.html.

[8] 洪惠娜．基于用户体验的 PGC 短视频设计策略研究 [D].杭州：浙江农林大学，2019.

[9] 什么是视频脚本？如何写一个视频脚本？[OL].[2019-10-31]. https://www.zhihu.com/question/27420277/answer/631658026.

[10] 如何从生活中凝练创意？ [OL]. [2019-10-11]. https: //m.sohu.com/a/243476632_100199697.

[11] [连载十四] 打造活动思考体验 [OL]. [2015-09-14]. http: //blog.sina.com.cn/s/blog_8cf4022c0102vwjx.html.

[12] 不知如何找到选题？这些快速选题技巧你不容错过 [OL]. [2019-07-15]. https: //new.qq.com/omn/20190715/20190715A0R0JZ00.html.

[13] 刘烨. 刷了一年"抖音"，才发现短视频能火的秘密 [OL]. [2017-12-17]. http: //media.people.com.cn/n1/2018/1217/c192372-30471340.html.

[14] 企业短视频制作如何把握节奏？ [OL]. [2018-09-26]. https: //m.sohu.com/a/256254437_100256025/.

[15] 鲍方. 自媒体短视频的影视审美特性研究——以 Papi 酱为例 [D]. 武汉：华中师范大学，2017.

[16] 构建戏剧冲突的基本方法 [OL]. [2019-10-15]. https: //www.xzbu.com/7/view-8589987.htm.

[17] 抖音代运营公司岗位划分 [OL]. [2020-04-27]. https: //www.zhipianbang.com/news/detail-237738.html.

[18] 曹忆蕾. 短视频到底该多短？三大平台掀定义权争夺战 [OL]. [2017-05-04]. http: //www.chinanews.com/m/business/2017/05-04/8215246.shtml.

[19] 倾地科技. 短视频内容策划该把握好这3大点！ [OL]. [2019-03-26]. https: //mbd.baidu.com/newspage/data/landingsuper？ context=%7B%22nid%22%3A%22news_9708916917224301069%22%7D&n_type=1&p_from=3.

[20] 手机拍照视频教程 [OL]. [2019-12-10]. https: //jingyan.baidu.com/article/e9fb46e1cee7c03521f766d6.html.

[21] 张慧. 基于 TextRank+Word2vec 的主观题自动评分技术及其系统设计 [D]. 昆明：昆明理工大学，2019.

[22] 单反相机的全称？它与普通相机在原理上最大的区别是什么？ [OL]. [2019-10-17]. http: //wenda.tianya.cn/question/39348573a657edee.

[23] 谢水玲.基于知识类网站运作机制的教育资源库系统的优化策略研究 [J]. 中国信息技术教育，2013（Z1）.

[24] 宋红.程序设计基础习题解析与实验指导 [M]. 北京：清华大学出版社，2005.

[25] 詹可军.全国计算机等级考试上机考试题库 三级网络技术 [M]. 北京：电子工业出版社，2012.

[26] 孙江宏.案例教学法在机械设计教学中的应用 [C]. 武夷山：全国机械设计教学研讨会，2007.

[27] 背上相机去旅行.摄影必备的光线知识你不点进来看看？[OL]. [2018-04-19]. https: //baijiahao.baidu.com/s？id=1598179836837695436&wfr=spider&for=pc.

[28] 景别的概念景别是指由于摄影机与被摄体的距离不同 [OL]. [2017-03-21]. https: //www.doc88.com/p-0961394014060.html.

[29] 镜头转换最基本的要求 [OL]. [2013-03-24]. https: //wenku.baidu.com/view/86560fdb26fff705cc170a7b.html.

[30] 郭志伟.影视剪辑过程应注意的几个问题 [J]. 经营管理者，2015(16).

[31] 视频字幕制作规范 V1- 优秀字幕须遵循 8 大特性 [OL]. [2014-04-08]. https: //www.douban.com/note/344082028/.

[32] 运营篇,打造短视频标签的 4 大技巧 [OL]. [2019-09-18]. http: //www.ermacn.com/news/duanshipinganhuo/234.html.

[33] 罗晨，张晶.短视频行业发展研究 [J]. 有线电视技术，2018(9).

[34] 克利夫兰.客户流量从哪里来？六大方法解决平台流量难题 [OL]. [2016-05-26]. https: //news.mbalib.com/story/104339.

[35] 抖音带货农产品该怎么玩 [J]. 中国合作经济，2019(5).

[36] 曾鸣，张德军.网络营销实务 [M]. 上海：上海财经大学出版社，2008.

[37] 杜紫薇.融合、发展与机遇：新闻媒体恰逢移动短视频 [J]. 科技传播，2018(15).

[38] 短视频运营第四弹：短视频质量与效率如何平衡 [OL]. [2019-03-30].

　　　http: //www.yinxi.net/zt/show_3334.html.

[39] 持续产生高质量创意短视频没你想象中那么难 [OL]. [2017-11-14]. http: //column.iresearch.cn/b/201711/815353.shtml.

[40] 毛琳 Michael. 如何看待王思聪微博抽奖活动？[OL]. [2018-09-24]. https: //www.zhihu.com/collection/282138682.

[41] 变现！变现！变现！——来自短视频创业者的呐喊 [OL]. [2017-08-31]. https: //tech.sina.com.cn/roll/2017-08-31/doc-ifykpuuh9938354.shtml.

[42] 孟天乐. 社交媒体内容营销的现状及发展趋势分析 [J]. 经济研究导刊, 2019(7).

[43] 来晓菲. 访谈类短视频传播策略研究——以《透明人》为例 [D]. 西安: 西北大学, 2018.

[44] 糖是甜. 淘宝二楼"深夜放毒", 玩转高逼格内容电商背后！[OL]. [2016-09-09]. http: //www.360doc.cn/article/2990948_589685161.html.

[45] 刘胜军. 16 亿次点击 碾压 papi 酱 僵小鱼新兴 IP 之路 [OL]. [2017-06-03]. http: //www.ebrun.com/20170603/233465.shtml.

[46] 李子柒携手故宫食品，联名打造宫廷苏造酱，传承百年的御膳经典 [OL]. [2018-08-23]. https: //www.sohu.com/a/249615499_100193102.

[47] 李子柒品牌入驻新零售：美食 IP 的蜕变，打造新消费品牌 [OL]. [2018-11-26]. https: //www.021news.cn/show-419801-1.html.

[48] 吕曦. IP 三部曲之三：IP 运营衍生 [2017-08-21]. https: //www.sohu.com/a/166145808_498565.